室内设计
思维训练与草图表达

（第二版）

（美）吉姆·道金斯　　　　（美）吉尔·帕布罗　　著
Jim Dawkins　　　　　　　Jill Pable
佛罗里达州立大学　　　　　佛罗里达州立大学

张　昭　译

华中科技大学出版社
http://www.hustp.com
中国·武汉

内容简介

《室内设计思维训练与草图表达》（第二版）通过一些实战场景练习，提供了详细的草图创作技巧、创意构思和与客户沟通方面的重要技能。场景练习中涉及门窗、楼梯、木工、装饰和顶棚等大量的设计元素，还包括阴影、明暗、场景构图、对比、材料和纹理等表现技巧。

图书在版编目(CIP)数据

室内设计思维训练与草图表达 ／ （美）吉姆·道金斯，（美）吉尔·帕布罗著；张昭译.－2版.
－ 武汉 ： 华中科技大学出版社，2020.10
ISBN 978−7−5680−5739−4

Ⅰ.①室… Ⅱ.①吉… ②吉… ③张… Ⅲ.①室内装饰设计 Ⅳ.①TU238.2

中国版本图书馆CIP数据核字(2020)第168482号

简体中文版由 Bloomsbury Publishing Inc. 授权华中科技大学出版社有限责任公司在中华人民共和国（不含香港、澳门地区）出版、发行。
湖北省版权局著作权合同登记 图字：17-2020-167 号

室内设计思维训练与草图表达（第二版）

（美）吉姆·道金斯　　著
（美）吉尔·帕布罗

Shinei Sheji Siwei Xunlian Yu Caotu Biaoda （Di-er ban）

张 昭 译

出版发行：华中科技大学出版社（中国·武汉） 武汉市东湖新技术开发区华工科技园	电话： (027) 81321913 邮编： 430223
责任编辑：简晓思　彭霞霞 责任校对：周怡露	责任监印：朱 玢 美术编辑：张 靖

印　　刷：湖北新华印务有限公司
开　　本：889mm×1194mm　　1/16
印　　张：19
字　　数：474千字
版　　次：2020年10月第2版第1次印刷
定　　价：88.00元

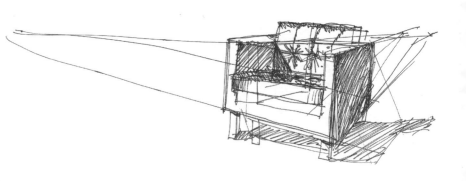

目 录

前 言

快速手绘内容丰富的草图始终是设计专业人员（包括室内设计师和建筑师）的一项重要技能。尽管计算机辅助制图和绘图软件在设计行业的实践中有着强大的影响力，但一点透视和两点透视手绘草图仍然在概念开发、项目协调、现场讲解和方案讨论、设计优化及客户演示等阶段发挥着决定性的作用。本书设计了一套有意义的激励性练习方法，以便切实提高你在草图速写、设计思维表达和整个设计生涯方面的能力和价值。对速写感到有些发怵吗？本书采用循序渐进的方法和友好的指导态度，为你提升技能提供一个节奏适当的、舒适的课堂。

本书的组织结构

为了系统地构建和介绍透视草图的概念和技巧，本书内容分成3个部分，分别针对初级、中级和高级速写技巧进行详解。每个部分又分为5章，每章提供一个或多个场景，可以指导你一步步练习，并创建透视草图。跟随本书进行速写训练，可以使你的练习系统化，并且能随时发现自己的进步。每章还留出一些空间，可以用来粘贴你的习作，这样你可以记住上一次练习的位置，也可以看到自己每一次的进步。"快速草图训练计划表"显示了每章的主题概览，以便参考。

除了反复练习以外，没有其他方法可以提高速写技巧。因此，保持训练的积极性是很重要的。由于在使用本书的过程中可能会间隔较长时间，所以本书设计了一个指南。每当你完成一次练习后，请在指南所对应的章节图标旁边按上拇指印。等下次再翻开本书时，你就会知道已经学习到哪里了。你可以用灰度为50%或者更浓的马克笔或墨水涂在拇指上并盖章。

第一部分

第一部分主要介绍了建筑场景中的基本元素，包括楼梯、门和顶棚等。

第二部分

第二部分在第一部分的基础上，提供了增强草图效果的方法，例如线条粗细和视点改变的运用。本部分还介绍了一些高级设计元素的处理方式，如弧形墙壁、楼层高度的变化和厨房空间细节的刻画。

第三部分

第三部分涉及的高级场景练习技巧需要花费更多的时间来学习。这部分对草图的要求从展示设计想法提高到具有精致的视觉效果，直至可以向客户展示。本部分还探讨了阴影、肌理和场景草图构图。

更多探索内容

第一、二、三部分的各个章节是本书系统练习的核心。除此之外，还有一些可以提高草图绘制能力的方法值得我们共同探索。

假如你认真地完成了每部分5个章节的场景练习，就会有很大的收获。完成第一、二部分的5个章节的场景练习之后，建议你查看该部分的附加草图练习。在这里，你将学习到如何巧妙地用人物、植物等元素修饰草图。第三部分有一个草图水平评估环节让你能够判断自己在整个训练体系中所处的位置。

草图图集

在你自己的草图风格形成的过程中，别人的作品会影响并帮助你成长。每个人都有自己的个人风格，审视他人的作品往往可以激发你的灵感，并能帮助你完善自己的表达方式。草图图集提供了来自室内设计、建筑设计和产品设计从业者的各种草图示例。

此表浓缩了本书15个章节的草图场景训练、附加草图练习、草图水平评估等内容。你可以像探险一样，每完成一个章节，就在指纹区域上按下一个拇指印。这样既有趣，又有让人坚持下去的动力。

快速草图训练计划表

这两页是用来进行快速训练的计划表，它就像地图一样帮你记录草图训练的整个旅程，包括草图场景练习、附加草图练习、草图水平评估、草图挑战。

每当你完成一项任务时，就在指纹区域盖上一个拇指印，就像每到一个地方就盖上签证章一样。

初级场景训练章节

层次变化 1 　斜坡 2 　元素间的相互关系与对齐 3 　门窗 4

中级场景训练章节

用线条细节丰富草图效果 6 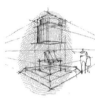　有趣的墙壁 7 　厨房 8 　对齐参照点 9

高级场景训练章节

在草图上添加色调、明暗和投影 11 　构图 12 　添加对比度来强调或美化草图 13 　材料与质感 14

附加草图练习、草图水平评估和草图挑战

		附加草图练习		草图挑战			
吸引人的顶棚	**5**	人物速写	E	起居室	C	会展中心大厅	C
视角	**10**	植物和自然环境速写	E	带有植物的室外场景	C	奥丁神殿祭坛	C
		草图水平评估		草图挑战			
综合运用	**15**	审视与评估	E	个性化办公室	C	在指印上签名	C

草图挑战

完成了15章的草图场景训练之后，你可能还需要一些进阶指导来挑战更高的技能水平。在此，本书设置了一些更复杂草图的挑战任务，需要你综合运用在第1章到第15章中学到的技巧，这些任务对于提高你的制图能力来说非常有用。

本书的使用方法

本书有很多使用方法，以下是提升草图绘制能力的经典方法。

1.在"入门水平检查"章节，完成技巧练习。

2.继续阅读本书第一部分的第1~5章。

3.完成第一部分"附加草图练习"。

4.继续阅读第二部分的第6~10章。

5.完成第二部分"附加草图练习"。

6.继续阅读第三部分的第11~15章。

7.完成第三部分"草图水平评估"。

8.完成"草图挑战"的"场景草图练习"。

9.随时查看草图图集。

另外，还有一种方法叫作"按需学习"。你可以根据在学习或设计实践中遇到的特定速写问题，去阅读、研习本书的某个章节，来寻求解决办法。

但无论你采取哪种方法，我们都建议你使用索引卡练习画图并记录下日期和完成时间，然后将习作贴到本书相应的页面上。这些习作可以作为记录你进步的练习档案。

本版新增内容

本书第一版对读者有很大帮助，因为它提供了一系列可以控制绘画步骤的、详细的、动手实践的场景草图练习，有助于逐步构建草图绘制技能的框架。本书易于使用、循序渐进，不会令初学者望而却步。思考问题环节，以及强调灵活、快速练习的特点，使读者更容易掌握草图绘制技巧，这些都是第一版的优点。在第二版中，依然保留了这些优点。除此之外，第二版还应读者反馈提供了以下延伸内容：

1.许多章节的内容是全新的，包括最新的透视草图技巧，新的门窗、顶棚等基础元素的知识，还包括灯具、零售展柜、会展大厅和细节丰富的家具绘制练习。

2.第二版中还介绍了在索引卡上绘图的方法。这是一种经济、耐用的便携速写纸材。本书提供了专门的页面，可以把索引卡上的习作贴在书中，便于记住最近练习的进度，并进行回顾对比。

3."草图挑战"部分更新了内容，为草图绘制水平相对高一些的读者提供更有用的指导。

4.草图图集也进行了大幅扩充，并收录了各类业内人士的作品，激发读者更多的创作灵感。

为你的成功而作

本书只有一个目的：让你找到自己的草图风格，并使其快乐、自信地利用这种技能为你的设计思考和交流添彩。随着时间的投入，你会发现一个真理：天道酬勤。届时，你会形成自己的风格，事业也定会因此受到裨益。

作者简介

吉姆·道金斯（Jim Dawkins）是佛罗里达州立大学室内设计专业的副教授，担任本科和研究生项目设计的指导教师，并教授平面技巧课程，特别是用于设计思维和视觉传达的手绘速写课程。他在克莱姆森大学获得设计学士学位和建筑学硕士学位，后曾在佐治亚州亚特兰大市和科罗拉多州韦尔市的设计公司担任建筑师、设计师和企业管理者，工作经验十分丰富。他是美国多个联邦州的注册建筑师。吉姆的主要研究方向是通过草图训练思考关于设计思维方面的问题，即通过手绘进行平面设计和设计思想传达，以及传统手绘与计算机辅助数码设计的结合。次要研究方向包括通过专业知识理论的认知框架对草图训练进行分析和指导。

吉尔·帕布罗（Jill Pable）是佛罗里达州立大学室内建筑和设计系的教授。她的研究命题将建筑速写视为自动学习理论的一种表现形式。她拥有室内设计专业的学士和硕士学位，同时也是建筑学领域的技术指导理论博士。吉尔是《室内设计：教学与学习策略》一书的合著者，并且是"无家可归设计资源"的项目负责人。2009年，她曾担任室内设计教育理事会全国主席，并于2015年被杂志 *Design Intelligence* 评为全美30个受尊敬的设计教育家之一。她的研究主要集中在设计和认知领域，以及为贫困人口创造恢复性环境等问题。

致 谢

本书得到了许多人的宝贵建议。首先，我要感谢我的合著者吉姆·道金斯，在这个创作的历程中，他是全身心投入的合作伙伴。他的绘画技巧展现了真正的自然力量。本书的第二版因我们两人风格的对比而更为出色。他的画作让我们的书更加有的放矢，而且表达得更加优雅。同时，我也要感谢提供重要意见和支持的设计指导教师与管理者。我的系主任丽莎·瓦克斯曼（Lisa Waxman）在过去的25年中，始终是我们工作中坚定的支持者和鼓舞者。还要感谢审阅本书，并帮助我们选择最佳课题以供读者充分学习的老师们。最后，感谢我的丈夫比尔对我一直以来的信任。他始终支持我的工作，并体谅我为了本书占用了和家人一起度过的周末时光。

吉尔·帕布罗

首先非常感谢我的合著者吉尔·帕布罗。我很高兴受她的邀请来合作修订本书。能够参与到吉尔的工作、事业中，分享她的友谊、学术方面的智慧是我最大的荣幸。我很感激所在学院的老师们，他们理解我追求略带些"罪恶感"的乐趣：教授速写。他们的无私精神感染着我，让我以同样的态度向学生教授速写技巧。小学三年级学生的老师鼓励他们在课堂上涂鸦的时候，孩子们会不会身在福中不知福？米德基夫女士的慷慨造就了我整个人生的工作。一位速写者能有多少和真正的大师一起工作的机会呢？在我的人生中只有一次——与克莱姆森大学的透视素描和渲染大师乔·杨（Joe Young）共事的机会。希望命运给我足够的时间继承他的衣钵。最后，感谢上帝让我的生活中拥有阿什利、康宁和科尔，他们有着美丽的灵魂，让我持续画画的梦想。

吉姆·道金斯

导 读

欢迎阅读本书

你好，欢迎阅读本章。我是本书的合著者吉尔·帕布罗（Jill Pable）。在本章中，我将与你分享一些我对速写的想法，并向你介绍该如何使用本书。但在开始之前，我想先给你讲一个故事。几年前，一位很有天赋的室内设计专业的学生来找我讨论他正在做的一个课程项目：餐厅设计。我们讨论了各种完善其方案的、具有功能性和设计趣味的想法。讨论时，他提到想在大厅中设置一个动态悬挂雕塑。但是他没有把这个想法体现在大厅草图里，主要原因是他不知道怎么在早期概念透视草图中把这个想法画出来。后来，他在细化方案中不得不放弃了这个可能成为空间焦点的雕塑。我们都认为他的设计方案由于缺乏这个不错的元素而显得有些单调。

这是一个让人感到遗憾的事实，有时候设计师会在设计过程中放弃一些东西，只是因为他们缺乏足够的信心和能力把这些想法体现在前期和后期图纸之中，这个问题往往会阻碍设计解决方案。作为导师，我们不想在其他学生身上看到这种情况，这也是我们写这本书的初衷。好消息是如果你愿意进行速写练习，这种情况在相当程度上是可以避免的。这就是本书的全部内容——以自己的节奏，舒适地进行练习，通过提高速写能力来增强设计能力。

建立自己的速写风格

一想到要画草图就感到不自在，这不只是你一个人的毛病，许多人都是这样。事实上，很多设计师并不擅长速写。最初开始速写时，我们也觉得很别扭。

如果你认为草图必须画得很漂亮才行，那你就大错特错了。例如你在一个项目施工现场，当安装人员提出砖片如何与木地板连接时。你花20秒钟画出草图并说明怎么解决这两种不同材料结合的问题。那这寥寥几笔价值千金。

在学习速写的过程中，熟练掌握技巧并建立自己的个人风格是需要时间的。高中或大学的课堂中要

这是吉尔四岁时的画。不知道那个巨大的像外星人一样的树是什么，但似乎对房子是个威胁。

吉姆在四年级或五年级时候的画，涂画在因在床上乱蹦而写的"检讨书"的背面。

么是死板的、照本宣科的建筑绘图课，要么是全无规律的艺术绘画课程，学生没有足够的时间来学习和练习用手绘解决问题。因此，学生们的绘图水平不够、缺少信心，不喜欢在设计过程中用速写的方法解决问题。这样问题会变得更糟：实践越少，越难摆脱这种困境。

学习速写的另一个障碍是，在集体学习中有时要和他人分享你的习作。每个人的专业水平不同，或许你不是那么乐意让别人看你的作品。

教师指导速写的时候也很纠结（我们就是典型的例子），可能要花费大量时间和精力来帮助那些绘画基础薄弱的学生，但又很难同时辅导很多人，速写家庭作业又很难记录和评分。在这里，本书提供了解决方案，来减轻指导老师的负担。

本书重点关注练习的进度，使用下面这些方法可以帮助你克服学习中的困难。

我们将草图视为精致的、结构化特征明显的专业制图与非常放松的艺术绘画之间的一种绘画形式。因此，虽然本书会遵守一些素描规则，但不会过于桎梏于理论，导致影响创作草图时的快乐心情。只有这样，草图才能成功地传达作者的想法，而不需要花费很长的创作时间。

1.本书让你可以在独自一人的情况下练习（当然，除非这是你的小组课程的一部分）。

2.通过参考样本解决方案，你可以利用多样化的范例和创意方案意识到自己手绘过程中的薄弱环节，反思并纠正自己的错误。

3.本书中有很多设计师绘制的图片可供参考，通过学习各种绘画技巧和成熟的草图风格，选择属于自己的草图风格。

4.我们模拟了一些在实践中可能遇到的真实场景以供演练。

归根结底，我们要帮你克服画草图时的畏惧心理，让你认识到想要画好草图没有神奇的秘密武器，只需在一段时间里坚持不懈地练习，就可以练就实用、可靠的速写技能！

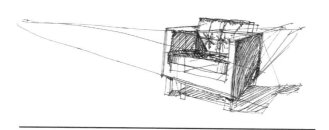

上面这张图花了三分钟，也没有用钢尺。虽然有些粗糙，但也很生动。

草图速写的价值

那么，为什么要学习手绘草图呢？这项技能可以带来什么好处呢？特别是现在有很多新技术能帮助你创建项目解决方案，为什么还需要手绘草图呢？事实证明，手绘草图能够满足设计师在日常工作中需要的一些基本功能。拥有手绘草图能力可以令你的职业生涯更美好，例如以下各项。

1.即使当今电脑技术发展得十分完善，手绘草图仍然非常有用。吉尔在全国范围内对国际室内设计协会的457名专业设计师进行了调查，询问他们如何看待手绘草图，以及在实践中手绘草图的情况。百分之九十的受访者表示，快速画出立体草图是非常重要的，百分之八十的受访者认为快速绘制立体草图在设计过程中比较或非常重要。为设计类学生提供就业指导且本身经常聘用设计人员的教师们告诉我们，他们更喜欢看到用手绘草图来表现和沟通设计过程的作品。

2.手绘草图有助于思考，是一种将想法迅速记录在纸上的方便、快捷的方式。事实上，手绘草图可以作为"记忆占位符"，帮你将想法从大脑记忆中释

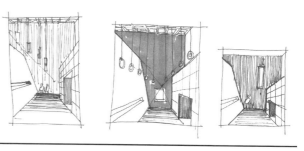

一系列缩略透视图帮助设计师花最少的时间尝试不同想法。

放出来并存储在纸上。随后，你可以自由地设计方案，完善不同的想法和功能细节，且无须记住全部内容——设计方案往往非常复杂，不可能一次性将所有细节构想完全表现出来，必须利用小草图进行反复推敲。

比如下面这张图就是我们在撰写本书"材料与质感"这个章节时所做的头脑风暴。虽然里面乱七八糟的都是涂鸦和笔记，却很好地帮我们厘清了这个章节的学习模式和一些方法理念。

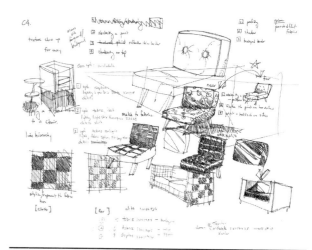

我们用上面的草图进行头脑风暴，设计出本书中一个场景。

3.草图适合当今"立刻就要"的快节奏、协同作战的工作方式。想象一下这种情况：你是一家公司的设计师，客户突然造访，要讨论一下办公室项目中复杂的会议室和厨房设计。这时你不得不立刻拿出多个空间规划设计方案给客户，才能继续讨论下去，从而让客户做决定。仓促之间，你没有时间打开电脑调出软件，也不可能让大家凑到一个小电脑的屏幕上进行即兴会议。最好的办法是找一沓绘图纸放在场地平面图旁边，立即为身边的客户绘制草图和描述想法。如今，客户都喜欢参与设计师的工作，不愿让别人一手操办他们的空间设计。这种场景设计师应该不会太陌生。

4.草图能给客户留下深刻的印象。如果你能够快速、准确地画出草图，就可以在画图的同时向其他人解释自己的设计想法。你的能力和素养会给客户留下深刻的印象，并赢得他们的尊重。在对美国的400多名设计从业者进行的问卷调查中，绝大多数人（86%）认为快速手绘草图为他们赢得了客户的更多信任。因此，这本书的作用主要是帮助你获得"以思考的速度绘图"的能力。

5.草图可以生成高效的演示图。如果有足够的时间和合适的机会，草图会变成快速而有效的演示图，用来展示给客户。因为设计师的时间就是金钱，花30分钟画出的细节丰富的草图可能是向客户解释设计方案的最佳方式。

6.绘图能力可以帮你晋升到领导职位。人们通常会

提姆·怀特绘制的威灵顿拱门。

将创意和解决问题的能力与领导项目或公司的能力联系起来。在集体讨论会上，你有没有注意到手里拿着笔的人似乎经常引导讨论的方向？在前面提及的调查研究中，一位接受采访的设计公司管理者说道："那些会画图、会沟通的人往往能够胜任领导的职位，因为他们能够有效地传输信息。"这位管理者回忆起自己的经历，他可以在首席设计师还没讲完设计想法之前就画出那个方案的草图。这使他成为与公司首席设计师一起参加大型会议的"后起之秀"。21岁时他就成为该公司的骨干人选，主要原因是他卓越的速写能力。

对建筑师或者室内设计师来说，用纸和笔画图是工作的重要组成部分，有助于提高设计决策效率和生产率。同时这项本领的另一个效果是赢得客户和同事的尊重。

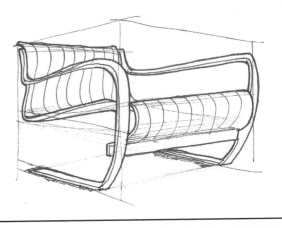

透视图可以充分显示设计的优势，向客户推销自己的方案。本图里，定制椅子的曲线由下面的水平线条烘托出椅子的造型，不同粗细的线条令产品看起来很"坚固"。

什么是草图

翻阅讲绘画和制图的不同书籍，或者与业内设计师交流时，你会发现其实大家对什么是草图并没有达成共识。艺术家和设计师可能对"草图"这个词的理解完全不同。有些人认为草图是绘在纸上的线条，有的人则认为可以有阴影或颜色。设计公司对于何时使用草图，以及草图用于何种目的有着特定的偏好。那么，理解"草图"这个词的含义将有助于你理解本书后面的章节。

1.草图的形式虽然松散，但十分明确，通常在没有直尺的辅助下进行绘制。

2.草图可以是任何视图形式：平面图、立面图、剖面图等。不过本书主要讲解透视图（一点或两点透视），因为这是客户和其他人员最容易理解的视角，并且也是最难画的。

3.草图不是建筑图。建筑图极其精确,需要用直尺根据特定比例尺制作。

4.草图的绘制时间从几秒钟到30分钟不等,或者更长。快速、粗略的草图可以帮助你解决设计中的问题。花费较长时间绘制的草图可以当作非正式的客户演示图。

5.草图反映其创作者的独特审美,没有哪两张草图是相同的。草图是设计师的个人艺术风格与建筑空间实际描绘的结合。

总结来说,本书认为对成功的草图绘制的真正考验在于如下几点。

1.草图有没有很好地将想法传递给观众?

2.草图有没有吸引对方更好地参与到空间的设计讨论中?

3.创作草图的过程中有没有满足用户的需求?

一张很快画出的书架草图可以告诉客户如何在上边摆放书籍等物品。

吉尔画的一位亲戚的房子,还专门画上了她的汽车和狗。

草图的表现类型

草图要满足创作者和观看者的不同需求,包括如下各项。

1.你可以用草图来展示、帮助欣赏或理解尚未建成的东西,如室内场景或物体设计。

2.运用草图画出不同的设计方案,可以帮助你选择合适的物体、环境或布局等。

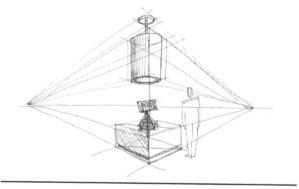

这是一张关于在博物馆如何展示一本稀有古书的草图。

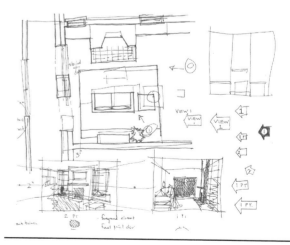

这是吉尔设计本书一个章节内容时画的草图杂烩。

3.通过对空间或物品的写生可以让你以全新的方式体验它，例如旅行草图（请参见"草图图集"一章）。

4.你可以用草图分析不同部件是如何组合在一起或分开的，例如木工草图和显示一套灯具的各个组成部分的爆炸草图。

5.草图可以用来解释抽象过程或步骤。

6.草图有时可以同时具备上述几个方面。

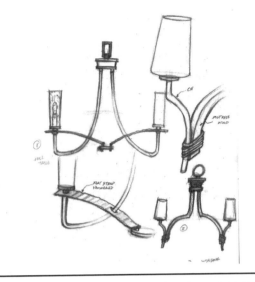

金色照明设计师泰迪·费拉齐奥探索一个照明灯具的连接部件。

为了将这项技能的功能最大化，本书将主要围绕上述第一条做探讨，用草图来表现未建成的空间。特别是要学习用草图来表现如下几点。

1.勾画室内场景，通过线条排列显示各种物品之间的位置关系。

2.创造独特的室内空间，如曲面墙、天窗和倾斜的平面等。

3.添加人物和植被等装饰元素，让草图更完善。

4.掌握构图原则，为场景选择最佳视图。

5.草图完善的方法，如线条粗细变化、明暗和阴影可以将比较粗糙的速写图迅速转换为可以给客户展示的演示图。

6.迅速、准确地表现饰面材料质感。

吉尔绘制的加州佛莱斯诺的一个花园小屋和遮阳棚。

吉姆在某个学期开学的时候用草图画的一周活动计划。

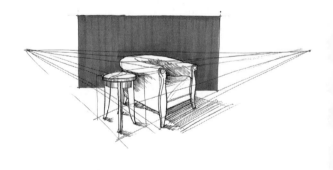

椅子和桌子的速写，可以让客户在大型项目中对细节环境产生概念。这类风格也可以用于家具制造商的产品目录。

对于获得熟练速写能力的一种认识

想要画出让别人理解你脑海中想法的透视草图，你或许会感到恐惧，而紧张感会产生抑制作用，让你画出的草图惨不忍睹。要创作质量好的草图，首先要让身心放松，自然而然地表达你的想法、尽情地享受练习的乐趣——这是可能的，也是必要的！这样你才会画得更多，并取得更多进步。如果在跟随本书进行练习时感到力不从心，最好先停下来休息一下。

如何知道自己正在拥有实用的速写技能？我们的目标是将透视速写完全融入你的生活和工作，并将其作为一种直观的探索工具，为你的思维和决策提供信息。具体来说，假如你产生了下面这些感受，那么，你就在正确道路上了。

1. 进行方案设计时不再下意识地画平面图了。

2. 当你向朋友解释你的想法时，不假思索地开始画透视速写图。

3. 你画草图的时候能向别人解释自己的思路。

4. 你充满信心地向同事或客户展示一个初步设想。

5. 在图片演示过程中你会考虑加入速写概念图。

6. 你又开始考虑从前放弃的一些设计想法，因为现在你可以用草图更好地表达出来了。

7. 客户还有45分钟就来了，而你知道自己能做什么让客户立即得到备选方案。

8. 你煲电话粥的时候经常会涂鸦出各种场景或物品的透视图。

你永远不知道什么时候会有灵感。当灵感出现的时候，要利用身边能用的纸，立即画下你的想法。（上图是吉姆在餐厅收据背面的速写）

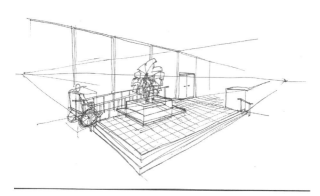

开放的机场公共区的设计草图。

本书如何帮助你

本书旨在为你提供引导性的草图练习。形成快速、准确的草图表达能力的关键是大量练习。而这是需要时间积累的。老实说，训练个人速写能力的秘诀是，主动选择用草图来表达你的想法。无论你正在设计的项目，还是打电话时的随手涂鸦，都是如此。重要的是，你要主动确立观念：画草图是既有趣又有益的，这不单是件工作。

吉姆在一次开会时在纸巾上的涂鸦。

换句话说，速写是一种生活方式，是你思考和回应周围环境和想法的一种特殊方式。一旦你用速写勾勒出一些东西，你就永远不会以同样的方式看待它了。

本书旨在启发你了解自己的速写能力（无论目前是什么水平），然后帮助你取得进步，并且让你最终喜欢上速写。本书后面的章节设置的情景练习从易到难，因此你可以悠闲地开始，不断挑战自己的能力，将其逐渐提升到更高的水平。

这是吉尔画的她家的金毛猎犬莱利。吉尔根据照片画了这张速写，并且以独特的方式重新了解了这只狗，真切地体会到狗的皮毛、眼睛闪烁的光芒、两只耳朵表现出的快乐。

每个人都处在从速写初学者到专家的某一节点上。事实上，"专业的素描理论"是本书的指导性框架。如果你想了解更多相关信息，并且想了解自己处于这个过程的哪一个节点上，请查阅"附加草图练习"章节。

怎样不假思索地进行速写

作为作者，我们希望你能通过草图练习获得成功，在尽可能短的时间内获得最大的收获。我们不必纠结于细节，只要相信帮你提高效率的一个好方法就是让你能够不假思索地开始速写。是不是有点令人惊讶？换句话说，当你创作时，手的动作将变得简单和本能化，让你根本不用在脑子里想自己正在速写这件事，而是可以在画图的同时专注于别的事情。这或许是重要和必要的。例如，你会需要画图的同时在头脑中继续设计场景，或向客户或同事解释自己的想法。那些真正精通速写的设计师通常都可以"随时速写"。他们的速写技能达到人们所说的心手合一、心到手到的境界。具备这种能力的设计师完成了重要的一步：将自己的速写能力自动化。这意味着手绘草图的动作像呼吸一样自然。这么做有如下优势。

1.可以毫不拖泥带水的快速画出草图。

2.可以画得非常精确，别人一看便能理解他们的想法。

其实在生活中，你会做出很多不经思考的下意识动作，比如边走路边和人交谈。这是因为你已经有了足够多的走路经验，不必再想着要把一只脚放在另一只脚前面。而且，因为走路动作如此娴熟，你可以边走边交谈，把大部分注意力放在说话和倾听上。同理还有边开车边吃东西，咀嚼和吞咽的动作也是下意识的。（你有没有这种体验：在上班或上学的路上想事情，突然发现自己已经到了目的地，完全不记得是怎么走过来的。）

最终，速写也要达到这样的境界。画草图时能够完全集中精力于设计场景和把脑海里的东西呈现在纸上，而不必关注手上的动作以及透视、灭点等问题。这种境界会使手绘草图更愉快。它将成为从事设计实践的一项宝贵技能，让你能够轻松、自信、随时地表达自己的设计理念。

我们的目标是让你的速写动作变成一种下意识行为。所以文中要求你做一些看似不寻常的事情，请不要奇怪哦！

1.我们会要求你在速写时计时。当你练习了很多次同一场景的速写后，就会真正看到自己的进步，你画这幅图的时间将越来越短，这也会让你更有动力继续练习下去。自动化理论认为，画图的时候人最容易去想其他事情——这是在画图过程中保持注意力和提高准确性并且提高速度的关键。

2.某些情景练习中会要求你向旁边的朋友解释草图的意义。在自动化理论中被称为"干扰任务"，让你在做画图的同时完成其他任务。和计时一样，这样做的目的是提高你的熟练程度。

3.在接下来的每一章中，你将被要求回答关于画图练习的一些问题。这样可以让你注意到自己做的好的地方和下次速写时需要改进的地方。每次练习后都要反思好与坏的地方，而不是机械练习，一再重复同样的错误。花时间回答这些问题同样会帮助你改进绘画方法，提高速写速度。

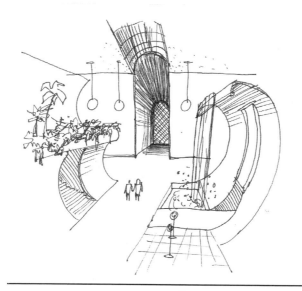

吉尔随手画的草图，但感觉很棒。

需要的材料

工欲善其事，必先利其器。选用正确的工具会让你更自信。

笔

我们建议你使用黑色水笔而不是铅笔。以彻底断了用橡皮修改的念想，因为那样需要花费太多时间！速写笔不一定很贵，但下水必须流畅，要足够满足速写的笔速。你需要三种不同粗细的笔尖，以下是我们比较偏爱的款式：

1.细尖:0.25毫米或0.35毫米，比如Uniball Signo Ultra Micro 207或Sigma Micron 005。

2.中尖：约0.5毫米，比如Uniball Signo 207或

Pentel Pen。

3.粗尖:约0.7毫米，比如Sanford Sharpie Ultra Fine Point或Pilot Precise V7 滚珠笔。

马克笔

你还需要一支马克笔，在回答关于草图的思考问题时用来在图上做标记。可以是一支0.25毫米、0.35

用马克笔可以迅速给草图增强视觉效果。

毫米或0.5毫米的笔，蓝色、绿色或红色都行。

有时候，可以用一支灰度马克笔给草图上色迅速增强视觉效果。为了简便、迅速地表现视觉效果，只需要两种灰度的马克笔：

1.30%~40%灰度1支；

2.70%~80%灰度1支。

两支笔应该属于同一种色调，根据不同品牌选择如冷色、暖色、中性或法式色调。这些色调的差别主要来自其中混了多少棕色（暖色）或蓝色（冷色）。比较理想的马克笔是带有不同笔尖的，比如一头细尖一头粗尖。我们喜欢的一个品牌叫Prisma-color。

纸

你可以试用不同的纸，找到自己用着最舒服的那种。本书的情景练习会要求你尝试下面这些类型的纸。

1.白色无线索引卡（尺寸为10厘米×15厘米和13厘米×18厘米）。每种50张或100张应该足够了。速写大多数是这种易于制作、绘制速度快的尺寸。

2.描图纸。可以是22厘米×28厘米的单张纸或30厘米宽的卷纸。白色、浅黄或黄色均可。

注意，要准备一些制图胶带或图钉，用来在台面上固定多层纸张。

用不到的材料

请注意，本书中提到的速写练习不需要直尺。我们要练习的是松散的手绘草图，使用直尺会带来不必要的精确感，并且会让你花费更多的时间。你不用每隔2分钟就抓起尺子来画直线。如果你觉得不习惯，只要多加练习就会发现自己的速写速度提高了。

虽然上色可以为草图添加很棒的效果，但本书强调的是快速绘图，所以书中对彩色马克笔的使用仅限于灰度。通过本书的参考索引可以找到有关速写中用色的其他指导资料。

是时候开始了。下一章将帮你确定自己当前的速写水平，以及判断本书的练习内容是否适合你。愿你的练习取得丰富成果，信心大增，在设计工作中充分地发挥你的全部创造力！

继续前进，愉快地画画吧！

入门水平检查

概览

本书的全部内容都是关于草图表达。为了从练习中获得最大收益，必须确定你当前的知识和能力符合本书接下来要讲的内容。因此，本小节会帮助你确定自己的水平是否能够从本书中获益。

表现目标

1.本导读部分将为你介绍在开始训练前应该具备的一些能力。

2.本导读部分还将帮你分析自己当前技能的水平，以及你是否准备好使用本书内容。

3.最后，本导读部分将为你提供创建两点透视图的练习机会，以便你在进行下面的章节和情景训练之前可以恢复一些绘画技巧。

使用本书之前你应该已经理解或掌握的速写能力

本书的内容是为基本熟悉速写的人设计的。例如，如果你参加过讲授透视原理的绘画课程，或者通过观看他人作品或阅读有关书籍自学了相关知识。这样的话就可以算是为使用本书做好了准备。

你应掌握以下这些基本的绘画知识。

1.线条的质量：自信地一笔画出线条。

2.一点和两点透视的基本原理。

3.灭点。

4.视平线。

画出以下基本物体：

1.立方体和圆柱体。

2.在图中不同位置摆放的物体。

3.简单的墙壁、地板和顶棚。

4.基本家具，如沙发、椅子、桌子和台面。

如果你以前没有学习过如何画这些基本物体，在开始阅读本书内容之前最好了解一下。翻到下一页，确认你的绘制水平，以及是否已经准备好继续阅读下面的章节了。

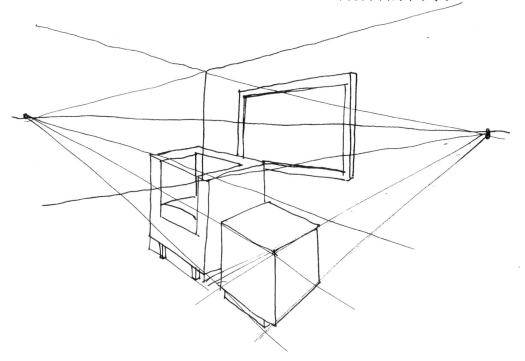

准备好开始本书的学习了吗

你的现有能力应该达到本书的情景训练对你有所帮助的水平，这很重要。通过以下方法可以确认你是否适合使用本书：你可以在10分钟或更短的时间内，准确地画出下面不同角度的透视图吗？这两个角度显示的是同一个房间和物体，一个是一点透视，另一个是两点透视。

现在试试吧：

1.首先，你需要分别记录下完成每幅草图的时长。用手机计时就行，可以设置一个10分钟的倒计时，然后开始进行草图绘制。

2.接下来，准备好工具。你需要一张空白、不带线的13厘米×20厘米的索引卡，或者将22厘米×28厘米的白纸对折（限制绘图面积可以提高速度）。另外，你还需要一根水笔（黑色墨水、出水流畅），能够画出约0.5毫米或者更细的线条。我们比较推荐Pilot V5精确的滚珠笔，它的价格比较低廉。最好不要用圆珠笔，因为圆珠笔出水不够顺畅，墨水也不均匀。此外，相较于铅笔，水笔的优势是你不会为了擦掉不想要的线而耗费太多时间。

3.当你设定好计时器，备好工具，就可以开始画草图了。这时你要确保椅子的高矮合适，能让你靠近桌面，肘部没有受到限制。执笔的手对面应有足够的光源，以避免阴影干扰。

按照下面的平面图中所显示的视点来完成一点透视图，并为自己计时。到了10分钟，即使还没画完也要立刻停止。不要看本页上的范例，眼睛盯着自己的纸或是下面的平面图。在草稿左下角记下你完成草图所用的时间。

接下来，在另一张纸上以同样的方式完成两点透视图，绘图时间也是10分钟。在草稿左下角记下你完成草图所用的时间，然后进入下一页。

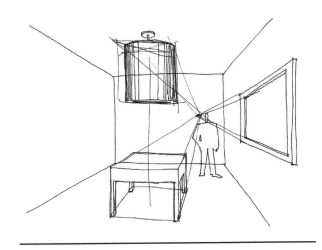

带家具和画框的房间，一点透视图。

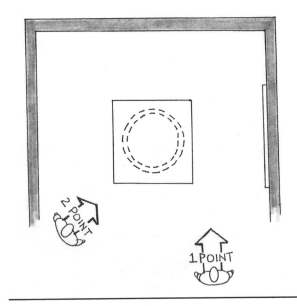

标注了一点和两点透视视角位置的房间平面图。

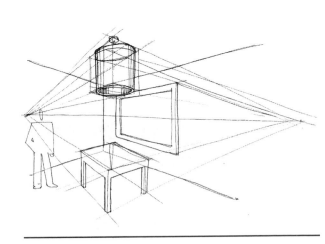

带家具和画框的房间，两点透视图。

你最初的速写草图作品

请把你绘制的两个视角草图贴在这里。不要怕麻烦，留下一些练习的痕迹有很多好处。

1.增加成就感，为自己的进步庆祝，保持练习热情。经过多次练习你会看到自己速写的速度越来越快、质量越来越高。

2.随着本书练习一段时间后可以休息一下，再翻到此处看看你贴上的练习内容并进行总结。

在旁边提供的框中贴上你的两张草图卡或草图纸。记得写上每次完成的时间。然后翻到下一页分析你的水平，以及了解下一步要做什么。

将草图作品贴在这里。

分析当前水平

通过前两页的两个视点的透视图练习，你应该在画图过程中有了一些心得体会。这种体会将有助于指导你下一步该做什么。把你的草图与这里的示例解决方案进行比较。你的草图看起来不一定非得和示例一模一样，因为水平线高度和物品的样式会有所不同。但透视结构应该足够准确，场景看上去令人信服。

或许你画图过程中的感受属于下面几类之一。

1.感觉很好！用了10分钟或更短时间就完成了两个场景的绘图。场景中的物体透视正确，比例关系符合房间的情况，根据需要对齐，线条粗细适中，笔画运用恰当。如果你已经准备好继续前进了，请转到第1章。

2.你觉得自己画得还可以，但手感有点生疏。也许你花费的时间稍微多了一点儿，或者有一两个物体的透视、位置或尺寸稍微有点儿跑偏。但底线是你觉得自己再多一些练习或指导，更注意些透视原则，就可以完成这样的绘图任务。如果是这样，那么请进入下一页完成进一步的情景速写练习。

3.你感觉很不舒服，或是完全没办法完成场景的草图。这也没关系，每个人都有技术弱项和起步的时候。你还需要一些额外练习和更多时间才能上手使用本书。如果是这样，请翻到本书的开头，查阅一下本书推荐的其他基础训练的资源，等打好基础后，欢迎你再使用本书进行学习。

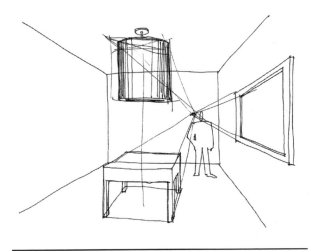

带家具和画框的房间，一点透视图。

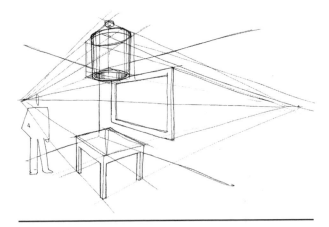

带家具和画框的房间，两点透视图。

透视基础热身练习

如果你跟随引导来到本页，说明你觉得绘制的透视场景并没有完全按照自己的意愿实现，因此需要更多练习或指导。接下来的几页将要求你完成各种练习，从而对场景构建、对象放置、尺寸和高度的把握，以及元素之间的对齐等有更加清晰的概念。这些步骤在书中有详细的说明。尝试创建这些透视图，逐步建立信心，注意改掉在第一次尝试中不太好的细节处理方式。在本页的透视草图示例中标注了一些想法和建议。

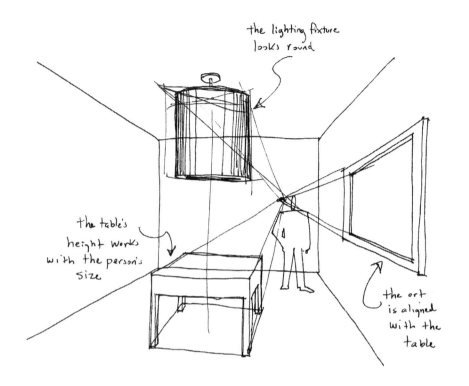

the lighting fixture looks round

the table's height works with the person's size

the art is aligned with the table

一点透视图，带有一些构图中可以注意的要点。

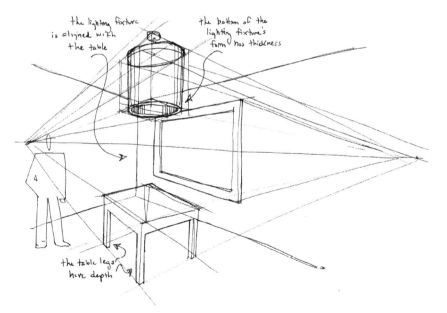

the lighting fixture is aligned with the table

the bottom of the lighting fixture's form has thickness

the table legs have depth

两点透视图，带有一些构图中可以注意的要点。

透视基础热身练习：一点透视

一点透视比两点透视的场景更容易画，因为大多数时候只需要考虑一个灭点。一点透视图有助于将视线引向房间尽头，或是强调内部空间的对称性，这样的视角看起来非常庄重、严肃。一般来说，一点透视的场景可能看起来有点呆板、乏味，除非空间内容比较有趣，或者设计师非常在意灭点和水平线的设置。为了使场景更吸引人，通常要避免将灭点置于后墙中部或视平线的中央。

一点透视场景的特点如下。

1.灭点位于看不见的视平线上（如果物体不是左右或前后对齐的，则需要沿着视平线使用其他灭点，但这要另外讨论了）。

2.可能会有一面方正的背景墙。

3.大部分线都是下图所示的三种走向。

走向：上下、横向或从一个灭点放射状延伸。

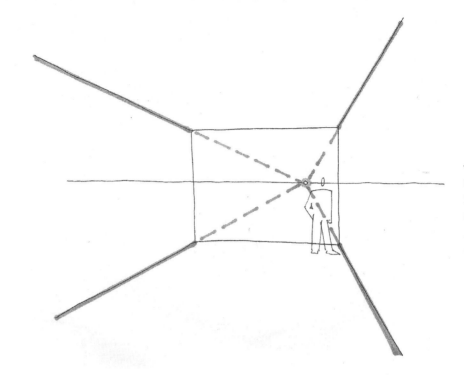

墙线与背景墙角和灭点对齐。请注意，场景更具动态性，因为灭点不放在背景墙的中间。地平线在眼睛的高度，一个人形示意图给场景带来了一种规模感。（你将在后面的章节中了解更多关于素描人物的内容，所以尽你所能在这里做最好的！）

下面分步骤解释如何绘制这幅草图

1.这次不必计时，因为要跟着步骤要求做。

2.备好材料。一张13厘米×20厘米的不带横线的索引卡，或半张22厘米×28厘米的白纸（把画幅限制得较小，可以让速写更快、更容易）。当然，你还需要一支笔。

画出图例所示的墙壁、顶棚和地面，然后转到下一页。

透视基础热身练习：桌子的一点透视

    按以下步骤逐步完成一张一点透视的桌子草图，为你接下来的草图训练做热身练习。下面展示的方式是，先画一个立方体，然后创建辅助线，再除去立方体上不需要的线条，最后刻画物体的细节。

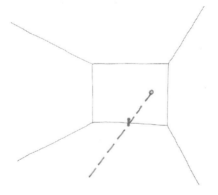 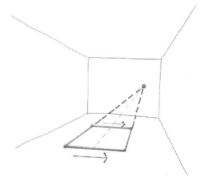 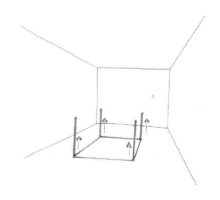

找到房间的中心点。首先，定位到空间并找到地板上的中点，以便桌子可以放在中央。在背景墙与地板的交界线的中点上做标记。然后，利用灭点创建一条穿过这两点的浅虚线（房间的中央线）。

创建对象在地面的痕迹。用浅实线在地板上创建桌子的边缘的投影，并估计它的大小和深度，将其置于房间中央。左右两条边线的延伸线穿过灭点。其他的横线都是平行的。

使用浅线在每个角上画出垂直线，估出立方体的高度。这些线不应高于灭点。

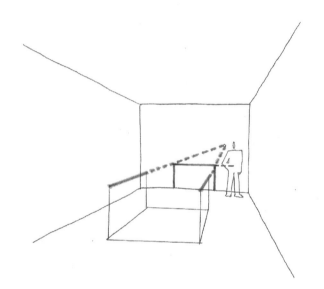

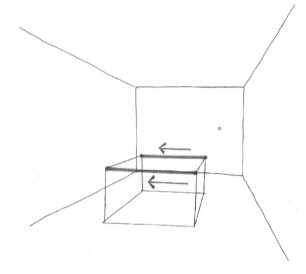

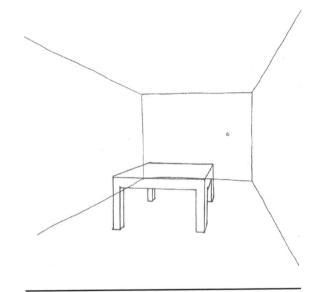

使用参考墙设定桌子的高度。首先，利用附近的可靠平面（如背景墙）来估出桌子的高度。然后把它标记在背景墙上（将其靠近人形示意图，更容易确定高度）。把桌子高度定位在人形腰部的位置。然后，从灭点出发通过墙壁上的桌子轮廓的角，线延伸至屋子中央的立方体。画完这个步骤便显示出垂直的立方体边框高度。

将立方体画完后，用水平线连接立方体顶部的端点。

创建桌腿。将不需要的线条擦掉，显示出桌腿。请注意，你会看到所有腿的正面和侧面。让代表桌子的线条比先前的底稿线更深、更宽一些，使它看起来稳固。（图中所示没有留下先前的底稿线，是为了让你更容易看出桌子的形状。）

透视基础热身练习：灯具的一点透视图

　　接下来，将灯具添加到你的透视图中。这个吊灯要和桌子垂直对齐，以便照亮桌子。灯具总处在仰视图中，大部分情况下都会位于视平线的上方，这意味着你会看到它的底面。在第1章里，你会了解更多关于仰视图的知识。

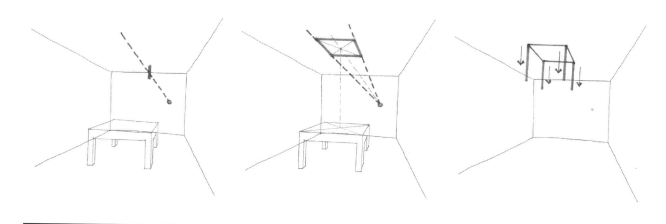

找到背景墙与顶面的交界线的中点，以确定吊灯被放置的位置。在背景墙与顶棚交界线的中心做标记。然后从用灭点引一条穿过中点的浅虚线，延伸到房间中央。

创建对象的顶棚投影。这个足迹面积确定了吊灯相对于顶棚的尺寸和位置。足迹的两侧延长线穿过灭点。其他线是完全的平行线。要合理地估算灯具的高度。可以用投影的对角线焦点和桌子的对角线焦点进行比对，以检查灯具的位置是否对正。

估算出灯具的高度。用浅实线从四个角向下画垂直线，形成立方体的侧面。下一步就是要确定这些垂线在哪里终止。

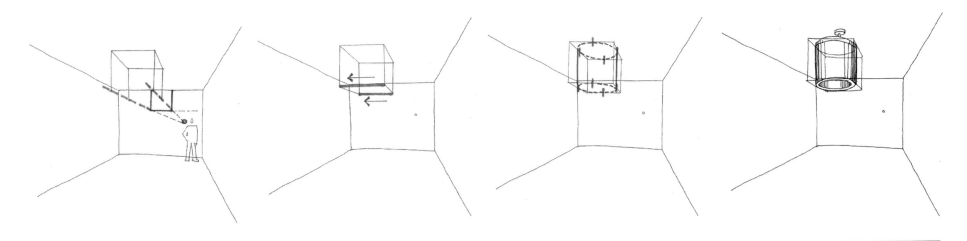

利用参考墙设定吊灯的高度：使用背墙进行"眼球"测量，设定立方体的正确高度——立方体的底部应高于视平线。将背墙上的垂线投影到房间中间的立方体上，以此确定每条垂线在哪里终止。

完成立方体的绘制。加上平行线来完成立方体的绘制。

在立方体框架中创建圆柱体。标出顶部和底部四条边的中点，然后画出两个分别连接四个中点的椭圆。用侧面中点上的垂线连接上下两个椭圆，使其形成一个圆柱体。

添加效果。创建吊灯的连接杆和顶棚顶盖（连接到顶棚的小圆柱体），并添加一些突出圆柱体的线条。在底面画一个椭圆以显示出圆柱体的厚度。

透视基础热身练习：画框的一点透视图

　　最后，在墙上添加一个画框。画框要与桌子对齐，以使空间具有秩序感。在这里，画框是与人们视线持平的物体，既看不到其底面，也看不到其顶面。你将在第1章中了解更多有关如何画视平线上物体的内容。

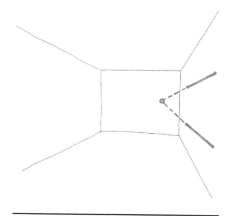

确定画框高度。从灭点向右边墙上画两条延伸线。

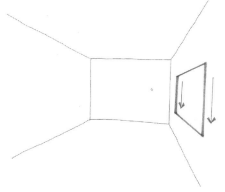

确定画框的宽度。在对象的远端和近端绘制垂直线，画出了物体在墙面上的投影位置。

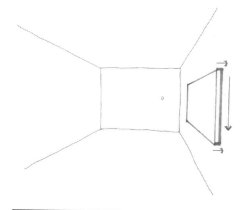

显示画框的厚度。如图所示，添加线条以显示画框从侧面看的厚度。

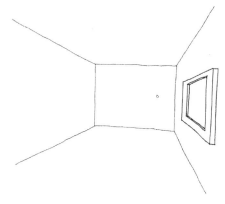

添加更多细节。请注意描出画框内缩进去的画芯。你会发现可以看到画框内部三个面的厚度。

透视基础热身练习：
一点透视

请注意，在这个一点透视示例中，我们隐去了一些辅助线，以便让你能够更清楚地看到完成的物体。将你的草图与示例进行比较，检查自己的构图准确性，以及相对尺寸和位置是否正确。

请反复练习，多画几遍，不断改进场景的效果。你可以尝试按照步骤进行练习，也可以考虑计时练习，看看是否可以在10分钟内完成草图。把你画的各种尝试版本贴在这里——即使是不满意的也没关系。这些记录会让你看到自己的进步。

现在进入下一页的两点透视热身练习。

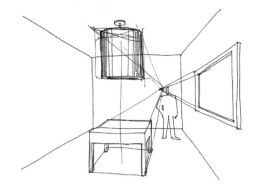

透视基础热身练习的示例。

将草图作品贴在这里。

透视基础热身练习：两点透视

顾名思义，两点透视场景中需要两个灭点。这比一点透视复杂，但优点是画面内容会显得更加生动。最简单的室内两点透视图可以看到房间的一个角落，所以必须确定墙角的位置。设计师通常会避免把墙角放在画面的中央，因为会显得很呆板。例如示例中的房间，墙角设置在稍偏左的位置，以便更多地展示右墙上的内容。当然，放在右侧也可以。在接下来的内容中你会了解如何构图，特别是墙角位置对于视觉效果的影响。

两点透视场景的特点

1.在可见或不可见的视平线上有两个灭点（不平行于左侧或右侧墙壁的物体可以利用另外一个灭点，这样设计师可以随意转动这个物体。不过我们稍后再来学习这个知识点）。

2.场景的视线常常面对着一个墙角，或是两个平面相交形成的一个角。

3.大部分线的走向是下图所示的三种走向之一。

线条通常是上下走向或是从其中一个灭点出发。

下面逐步讲解如何绘制这一场景。

1.这次是分步练习，可不必计时。

2.备好绘图工具。准备空白的13厘米×20厘米无线索引卡，或半张22厘米×28厘米的白纸。限制绘图面积可以提高速度。同时，你还需要准备绘图笔。

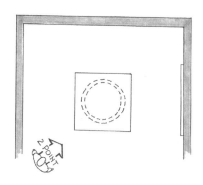

标出两点透视的视角位置的平面图。

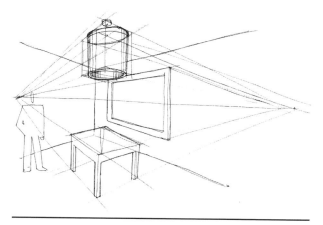

本场景的一种解决方案示例。

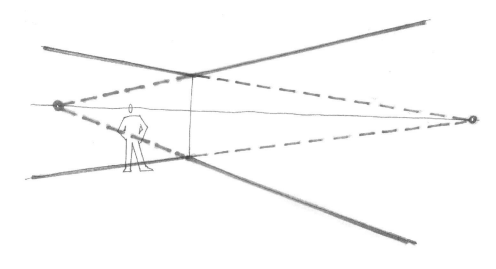

画出墙壁、顶棚和地面。然后画一个人形示意图作为尺寸和视平线位置的参考（尽量将人形画得像一些）。房间的墙角稍微偏左一些。

两点透视：避免变形

创建两点透视图时有一个重要的方法，就是将物体放在一个被称为"视锥"的假想圆内，以防止透视变形。当灭点与后角高度线过于靠近就会产生透视变形的情况。

记住以下几点，尽量避免变形的情况。

1.拉开灭点距离。从后角到灭点的距离应该大于后角高度线的长度。

2.注意后角高度。后角高度线越长，灭点应该放置得越远。

3.想在不变形的情况下绘制两点透视场景，那么请先想象一个以两个灭点连线为直径的圆——这就是观看者的视野范围。这个圆内的任何物体都不会被扭曲，但超出视角范围之外的物体都可能发生变形。

当你的头脑中有了这个概念后，请返回并检查你刚绘制的两点透视场景。确认你的视角是否足够大，可以容纳需要画的物体并保证其不会变形？如果做对了，请继续下一个练习。如果存在问题，要反复练习这个场景。

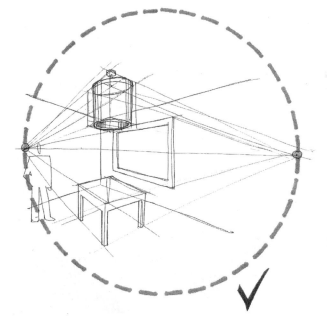

场景内的物体都保持在视锥内，看起来不扭曲，这很好。做到这一点的关键在于控制好后角高度和灭点位置。

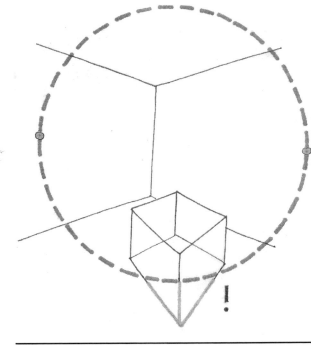

在这个场景中，立方体一部分超出了视锥，这使它看起来变形。这样画出的草图会让人感到困惑。造成问题的原因是灭点的距离太近，仿佛夹扁了房间内的可用空间。

透视基础热身练习：桌子的两点透视图

　　按照下列步骤完成两点透视热身练习中的桌子
草图。按照此处教授的方法，先画出创建对象需要
的辅助线，然后将不必要的线条擦去，完成桌子的
细节部分。

　　在右墙的地脚线上估出中间点，以便将桌子的
位置居中。

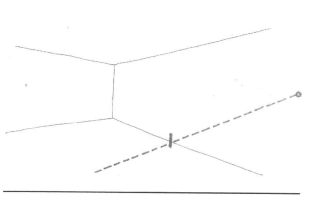

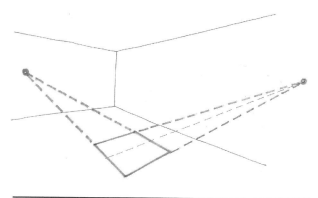

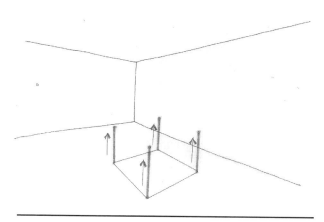

首先，在右墙和地面交界线找到中点，以便桌子可以放在中央。然后沿着右墙的地脚线中点创建一条浅虚线，然后，从灭点出，穿过中点延伸至房间中央。

创建对象的投影。使用浅实线在地面上创建桌子的投影，估计其宽度和深度，并用先前画出的辅助线将其置于房间中央。投影的两侧边线分别延伸至左右两边的灭点。

估出立方体的高度。用浅实线从每一个角画出垂直于地面的线。这些线不应高于视平线。下一步将确定它们的高度。

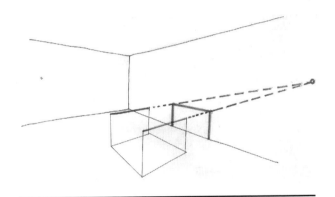 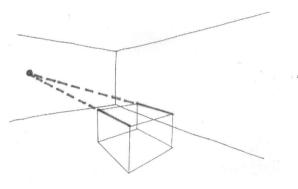 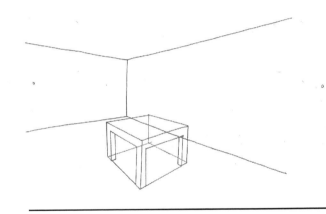

使用参考墙找到桌子的高度。用附近的平面（比如右墙）来估出桌子的高度。首先，在右墙上画出桌子高度。然后，用一条虚线同时穿过右边的灭点和墙壁上的桌子高度线的端点，向房间内画延长线。直到与桌子的四条垂直线相交，交点就是桌子垂直线的终点。

完成代表桌子的立方体。用左灭点协助你画好桌子上缘的另外两条对边。

创建桌腿。将不需要的辅助线擦去以突出显示桌腿。请注意，你会看到桌腿的正面和侧面。代表桌子的线条可以比先前的辅助线画的更深/更宽一些，这样看起来更稳固。示例中已经擦去了一些辅助线，可以更容易看到桌子。

透视基础热身练习：顶灯的两点透视图

接下来，在场景中画上顶灯。要注意，顶灯的位置应在桌子的正上方，这样照明的效果最好。

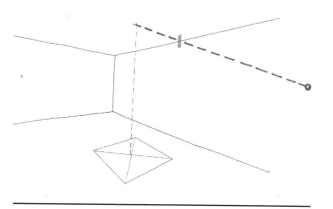

根据油枪确定房间的中央位置，以确保顶灯在房间的正中间。沿着右墙与顶棚交界线的中点（这个点应该在你之前放在地脚线中点的正上方）创建一条穿过右灭点的虚线。示例中画上桌子的投影以供参考。如果你愿意，可以在桌子的投影上画上对角线，为顶灯的中心点提供参考。

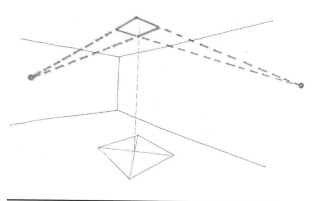

创建灯具在顶棚上的投影。这个面积确定了灯具相对于顶棚的大小和位置。投影两侧的延长线分别穿过左右两个灭点。估出灯具的宽度，使其看起来是正方形。

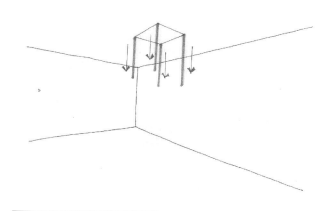

估出一个立方体的高度。用浅实线从投影的四个角向下画出垂线。形成立方体的侧面。下一步将确定线的终点。

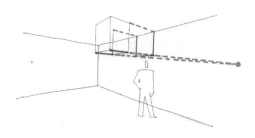

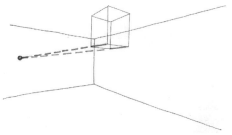

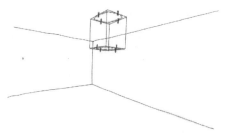

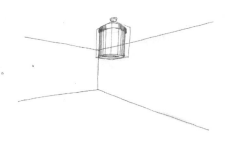

利用参考墙设定顶灯的高度。用右墙和人形进行视平线测量，以估计右墙上顶灯投影的正确高度。灯具底部应高于视平线。引一条虚线穿过灭点和墙壁上的高度线，投射到房间中间和垂直线相交，以确定垂线的终点。

利用左灭点完成立方体。

在立方体中创建圆柱形的灯。找到顶部和底部四边的中点。然后分别画出通过四个中点的椭圆，将两个椭圆用最外侧的两条垂线连接，完成圆柱体。

添加细节。添加顶灯的吊杆和顶棚上的盖（连接到顶棚的圆柱体）以及一些用于突出立体感的线条，并在底面另画一个椭圆以表现灯罩的厚度。

透视基础热身练习：画框的两点透视图

最后在两点透视场景的墙上画上画框。

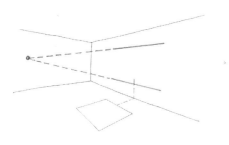 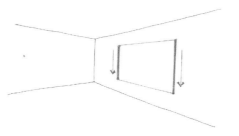 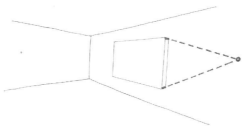 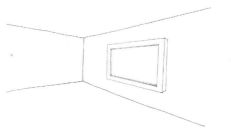

确定画框的高度。从左边的灭点出发，在右墙上画出延长线。（可参考桌子的投射在右墙上的中点）。

定义画框的宽度。在画框的左右两端绘制垂线，并完成画框在墙上的投影。桌子和画框应与中心对齐。

显示物体的厚度。如图所示，添加与画框平行的线条，以显示画框的厚度。

添加细节。请注意描出画框内芯缩进的线。在画框内部的三条边上都能看到缩进去的深度。

透视基础热身练习：
两点透视

这是两点透视热身练习的一个示例。请注意，为了让你能够更清楚地看到示例，我们擦掉了辅助线。把你的草图与示例进行比较，检查构图的准确性、相对尺寸和对齐的情况。

此时你应该反复练习两点透视场景。这次可以进行计时练习，看看你是否可以在10分钟内完成该场景的绘制。把你的练习作品贴在空白处，并记录下每次花费的时间。

学习到现在，如果一点透视和两点透视的场景练习给你增强了信心，那么接下来就可以阅读本书的第1章了。

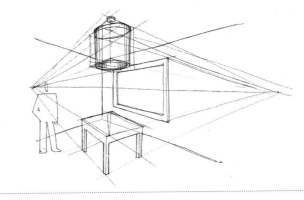

透视热身练习的示例。

将草图作品贴在这里。

打造基础透视技巧的一些资源

市面上有很多讲授绘画透视的书。下面推荐一些在我们看来比较易于使用和掌握的书籍。

1. 程大锦著：《建筑绘图》，第六版，霍博肯，范·诺斯特兰·莱茵霍德出版社，2015年。

2. 库尔特·汉克斯，拉里·贝里斯通著：《速视：一种构思快速视觉化的新方法》，第三版，波士顿，克里斯著/WKI出版社，2006年。

3. 彼得·科尼克著：《设计绘图》，第三版，纽约，皮尔森出版社，2012年。

如果你更喜欢和他人共同学习，也可以去报一些艺术入门、室内设计或建筑透视的培训课程。无论你喜欢什么样的学习方法，最重要的是在使用本书之前，你已经较为熟练地掌握了绘制基本透视场景和物体的方法，这样我们才能帮助你取得你希望达到的进步。

这个示例是由吉尔绘制的一点透视图，用时大约15分钟。请注意，画面中的右墙没有连接到背景墙，因为后面有个走廊。宽大的落地玻璃窗和地板高度的变化让这一场景显得错落有致。因为躺椅摆放的位置不是直角定向的，所以绘制时使用了延伸到视平线上的另外两个灭点，在辅助线中可以看到这两个灭点。

第一部分　基本场景

第1~5章的导言

导言

欢迎阅读本书的场景训练章节！第1~5章旨在通过诸如楼梯、门和窗户等基础元素的透视练习，让你的"千里之行"有个扎实的开始。在这几章里，你将绘制由各种基本形状组成的、更复杂的对象，如照明装置、喷泉、显示器等。你会对室内环境中常见的基本平面的绘制（如地板、墙壁和天花板等）掌握得更为娴熟。这样你就能在草图上充分地发挥自己的想象力了。假如你有个很好的室内设计想法，但却没有办法描绘它，那该是多么令人沮丧的事情啊！通过足够的练习，这些都将不再是问题。下面的场景练习将为你提供很大帮助！

这几章的练习目标

通过这些章节的分步练习和对示例的反复观摩，你将能够创建透视草图，实现本页列出的目标。

我们会要求你进行反复练习和计时练习。请记录下你的这些尝试，这样你就会观察到自己在速度和准确性方面的提高。学习速写没有秘诀，这需要时间和精力的投入。只要你肯下功夫，就一定会有很大的提高！

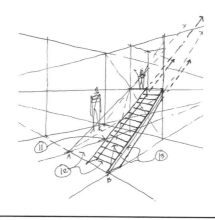

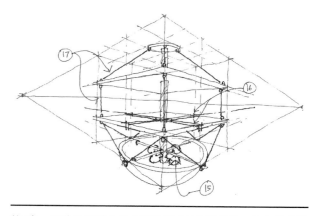

第1章：练习画台阶等变化的水平面，注意正确利用视平线和灭点。

第2章：更快、更准确地估出空间的深度，利用灭点正确地绘制斜坡等场景。

第3章：正确地描绘由多个部分组成的复杂物体，如灯具和博物馆里的展品。

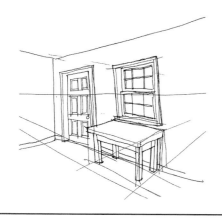

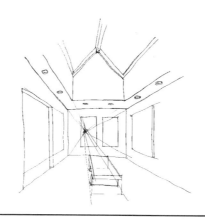

第4章：正确地画出墙体中的门窗。

第5章：通过添加吊顶和射灯等元素增加室内场景的趣味性。

第1章
层次变化

概览

在本书的第1章，我们将探讨建筑结构的层次变化，这是许多空间的重要组成部分。如果层次处理得不好的话，客户会很快注意到设计图"有毛病"。所以，在处理台阶、阳台等拥有不同层次的元素时，透视的正确性是非常重要的。

不要担心，也不要绝望。记住一些简单的规则，你很快就会掌握这个技巧。

这个场景练习将向你展示如何掌控视角。

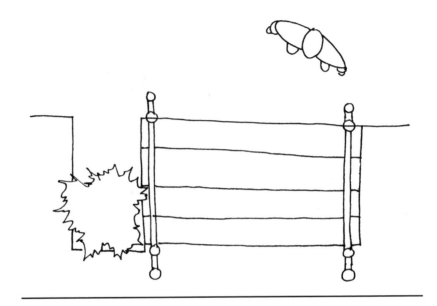

带有台阶的平面图。

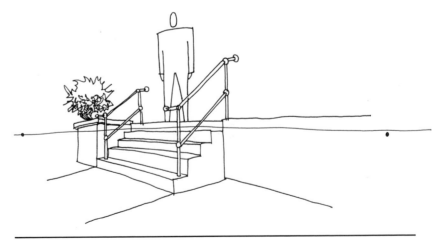

同一空间的两点透视图。

仰视角、平视角和俯视角的立方体

　　绘制楼梯的一种方法是将它们想象成一系列相邻排列的立方体。如果你对视平线和画立方体还不太熟悉，请返回水平测试章节进行自我检查和练习。

　　构成楼梯的立方体有以下三种类型。

仰视角（worm's eye）的立方体

　　这些立方体都处在视平线上方。你将看不到每层台阶的顶部。

平视角立方体（eye level）的立方体

　　这些立方体横跨视平线。如果立方体的顶面与视平线重合，则顶面会被画成一条直线。

俯视角的立方体（bird's eye）的立方体

　　你可以看到这些立方体的顶面，因为它们完全位于视平线下方。

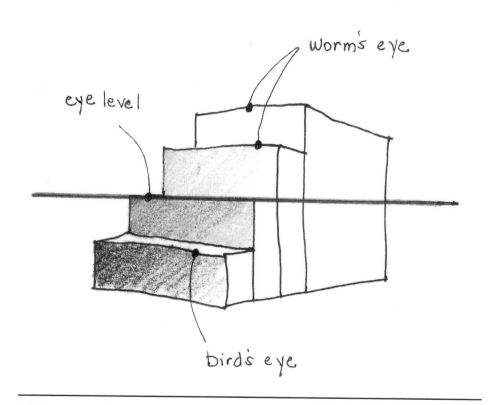

仰视角、平视角和俯视角的立方体。

灭点

　　你可以用一点透视或两点透视的原理来画台阶。在这幅草图中，构成台阶的线以下有三种。

　　1.垂直。

　　2.向左灭点（LVP）延伸。

　　3.向右灭点（RVP）延伸。

　　请用10厘米×15厘米的索引卡试着画这幅草图，并将其贴在此页面的空白处。在卡片上画出两个灭点（VP），用它们辅助你建立构成台阶的线（可以保留辅助线的痕迹）。

　　用更多的索引卡反复练习。在本页的空白区域贴上你最满意的习作。

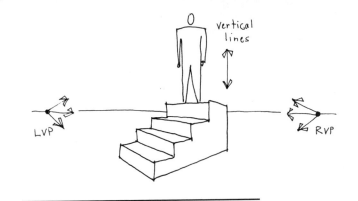

本图的台阶利用了垂直线，以及向左灭点和右灭点延伸的线。

将草图作品贴在这里。

儿童和成年人的视角

　　视平线的高低不同，楼梯看起来会不一样。而视平线的高低与观察者视线水平的选择有关。这两个示例分别是从不同高度看到的同一组楼梯。

儿童看到的楼梯。视平线很低，并且大多数台阶面在视平线的上方。这个视角略带特殊性,大多数成年人并不习惯从这个角度观察一个内部空间。

正常成人看到的楼梯。视平线较高，台阶处于俯视位置。这个视平线高度（1.5米以上）适用于大多数速写视角。

门和楼梯的平面图及立面图

你即将练习用两点透视画这个平面图。

仔细检查平面图和立面图的情况，然后闭上眼睛，想象这个场景是如何以两点透视的方式呈现的。首先，你应该能够在脑海中设想出这个场景，然后再思考如何把它画出来。假如你已经能够在脑海中构建出这幅草图的样子，请翻页继续学习。

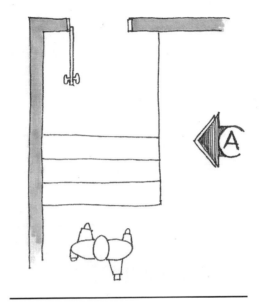

平面图。

立面图。

门和楼梯的速写

再次观察平面图和立面图，想象二者结合后的两点透视图。很快你就要翻开下一页并开始绘制这个场景了。

你要清楚自己的速写速度，这一点很重要。因为下面要开始计时训练，以提高你的速度。

 现在准备好手机或其他计时设备，记录下你绘图花费的时间。

你马上就要在10厘米 × 15厘米的索引卡上练习这个草图了，注意保持从容的心态、高效准确地进行绘制。

速写完成后，立即停止秒表计时。按照要求记录下完成时间，这样你就可以发现随着时间推移，自己的绘图质量越来越好，完成时间越来越短。

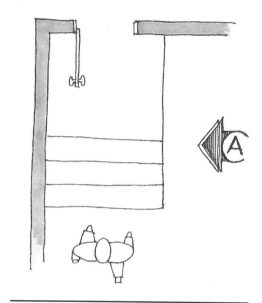

平面图。

立面图。

确保坐姿舒适，因为只有身体感觉舒适才能画出好的作品。

你的草图里要求有三个元素。

1.门。

2.楼梯。

3.人形示意图。

你将在10厘米×15厘米的索引卡上绘制草图。草图的全部内容和灭点要画在卡片上。将左、右灭点放在卡的最左侧和最右侧。

准备好以后，就开始进行秒表计时并绘制草图。画好以后停止计时，将日期和完成时间记在卡片上。画好后请翻到下一页。

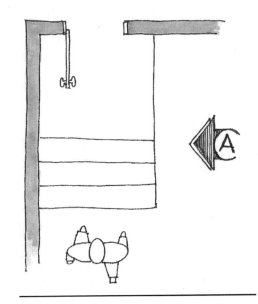

平面图。

立面图。

一个可能的方案

现在把你的草图和这个示例做个比较吧。把自己的作品贴在这个方案上的空白处以便互相比较。记住，不可能有两张完全相同的草图，所以你的作品看起来肯定会和示例有所不同。你的完成时间是多少呢？本示例花了3分15秒完成，这也是你以后尝试绘制这个场景时的目标。

示例只是为你提供一个参考。如果你在绘制过程中遇到问题，应进行反复练习。你也可以通过练习来提高绘画速度。把你的作品贴到本页面的空白处。记录每一次画图的时间，你会发现自己的速度正在逐步提高。

把你的习作贴在这里。

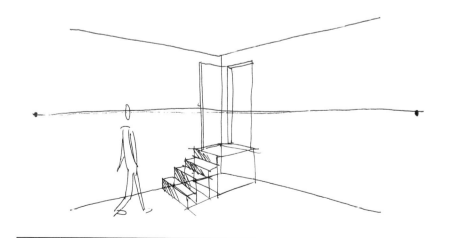

一种可能的方案。绘制本图花了3分多钟的时间。

再练习一次这个场景

　　如果你对自己练习的结果不满意，也不要感到绝望！提高速写的准确性和速度需要大量练习。每多练习一次，都会比上一次更好。

　　如果你对自己的表现感到满意，那么请阅读下一章。但是请记住，每个新场景的练习都是建立在过去的练习基础之上的。你的比赛对手只有自己。

带楼梯的场景示例。在后面章节中会讲到如何画绿植、家具细节、灰度和阴影等。本示例大约花费了吉尔30分钟的时间。

第2章
斜坡

概览

现在，你已经了解了水平线和垂线组合的内部空间元素的绘制方法，比如楼梯和门。下面要练习由斜线构成的斜坡。本章中将介绍如何使用各种方法正确地绘制物体倾斜的表面。本章及热身练习中会提供一些方法教你绘制倾斜、有曲度的表面，估测深度和距离，并借助人形示意图设定草图中元素间的大小比例。

在开始之前，先做个热身练习，画一个带阁楼和儿童滑梯的游戏房，练习一下手感。

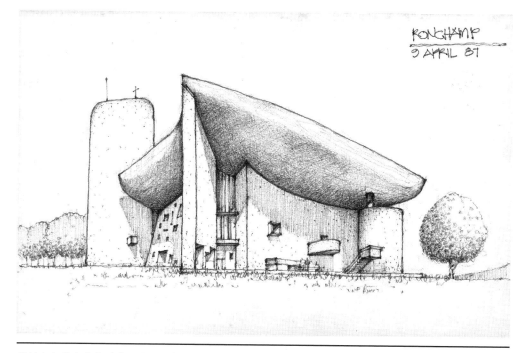

斜坡有各种大小和形式。这是一个法国朗香教堂的速写作品，作者是托德·博格斯（Todd Boggess）。

热身练习

通过以下几个步骤，利用两点透视在空间内创建出精确、良好的对角线。在10厘米×15厘米的索引卡上画下这个草图，然后将习作附在下页的空白处。

开始绘图。

1.创建一条垂线，假设高度为3.66米。将其作为游戏室的墙角。你可以在草图上画一个人形用来确定墙高，而不需要建筑比例尺。在本示例中使用了一个约1.83米高的人形。

2.在与人形视线平行的地方画一条水平线，并在垂线两侧的相等距离上画出左、右灭点。左、右灭点离垂线的距离约等于垂线高度的两倍（例如，垂线设定高度是"x"，那么灭点距离垂线应是"2x"）。在速写过程中这是个很好的方法，可以防止构图在边缘发生变形。

3.创建墙壁（地面和顶棚）。从灭点连接垂线的两端，创建墙壁（地面和顶棚）。

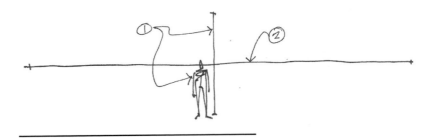

第1步、第2步。

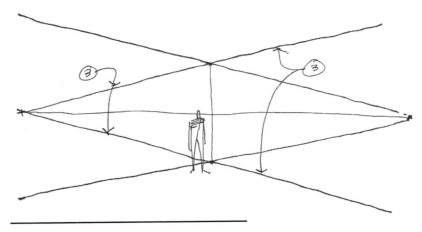

第3步。

提示

在两点透视图中，可以通过在标高垂线旁边画一个比例合适人形的方式，来代替用建筑比例尺工具估算墙的高度。

应确定好标高垂线和两侧灭点之间的比例关系，以此避免画面发生变形。

第4~7步将向你介绍如何确定阁楼在游戏房中的位置。

4.在标高垂线的右侧，也就是距离垂线大约一条垂线长度的位置上再画一条垂线。这将作为滑梯和梯子的最右侧。你可以将其想象成在右侧墙上绘制了一个3.7米×3.7米的透视正方形。

5.将阁楼和滑梯组合的宽度设定为1.85米。然后在3.7米×3.7米的正方形中用虚线画出对角线，并画一条过对角线交点的垂线，这样就确定了正方形的中心。如果绘制准确的话，交点应该落在视平线上。现在在右侧墙上出现了四个边长1.85米的方格。

6.右上方的方格就是阁楼。在阁楼区域画出顶棚和后/侧墙线。加重阁楼开放部分的底部和边缘线，以强调阁楼的形状。

7.在阁楼上添加一个儿童的人形作为参考。这个人形的高度大约是成年人的一半。

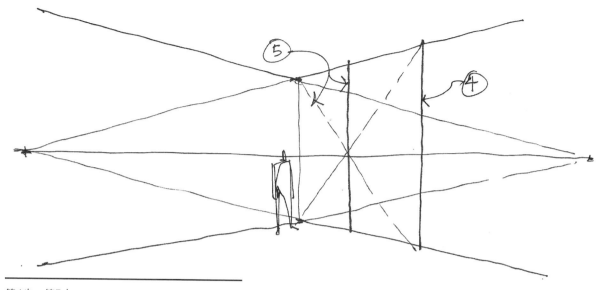

第4步、第5步。

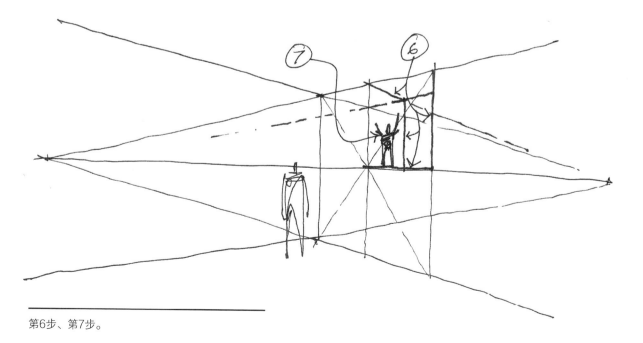

第6步、第7步。

第8~10步中，你将通过创建一个类似于一角奶酪或一块木制门挡的楔形倾斜物体来测算游戏室中滑梯和梯子的位置。这就是下一步的造型基础。

8.通过右侧灭点引出两条直线，分别与右侧的两条墙线连接，并延伸到左侧的房间地板上。

9.在地板上画出滑梯和梯子的投影后，在左侧墙上绘制一条3.7米高的垂线，并从左侧灭点引一条直线，穿过垂线与墙角线的交点，且与右边两条延长线相交产生A和B两个交点。这就是滑梯和梯子的底部边缘位置。

10.将A和B两个点分别与阁楼的地板连接，绘制出滑梯和梯子的形状。

提示

可以在左墙上绘制一个3.7米×3.7米的正方形，并将其与右侧墙上的正方形进行比较，还可以借助比例尺工具来确认墙的大小和形状是否正确，这样可以提高左侧墙上标记的准确性。

请注意阁楼滑梯和梯子的斜线应与右侧的SVP点汇合（SVP：斜面灭点，与右灭点在同一垂线上）。这是绘制大多数斜面的规律，记住这一点将有助于你画得更快。

对角线构成了地板和墙线形成的直角三角形的斜边。将斜坡的形状想象成三角形有助于简化画面和加速画图。

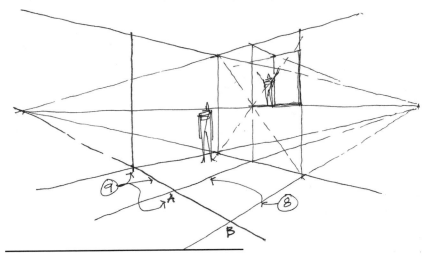

第8步、第9步。

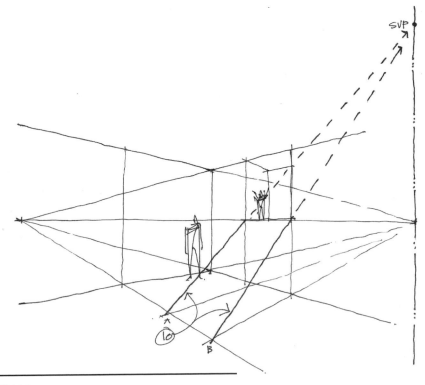

第10步。

第11~13步完成滑梯和梯子的细节特征。

11.估出斜坡顶部和底部的中点，将滑梯和梯子分开。也可以通过在斜面上使用对角线交叉的方法找到中点，具体操作方法请参阅第5步和提示。

12.确定左侧滑梯和右侧梯子的位置。通过在顶部和底部绘制的垂线和消失线，画出滑梯的框架和梯子的扶手。

13.加粗梯子的扶手线以突出梯子的轮廓，并利用左灭点均匀地画出每级台阶。

把你的草图贴在本页空白处。可以在更多的索引卡上重复这个热身练习，来提高你的绘画速度和准确性。你可以记下完成草图所用的时间和日期，并把多个习作依次贴在书中。

提示

在快速绘图过程中，可以在图面上留下辅助线。在非正式的草图演示中还可考虑添加标记和不同粗细的线条，或在描图纸上画一些辅助内容。这些技能将在后面的章节中进行讨论。

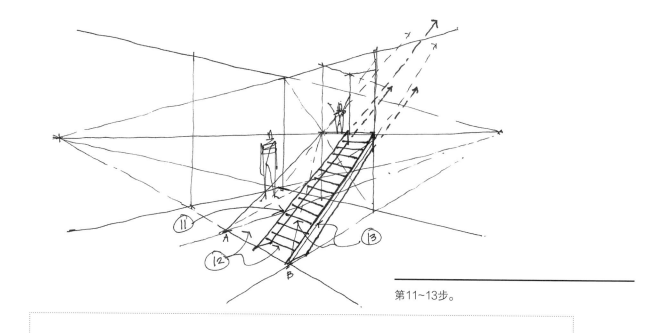

第11~13步。

请把习作贴在这里。

提示

这个技巧也可以被运用在其他绘图元素上，比如有倾角的开口、坡道和其他倾斜的平面。

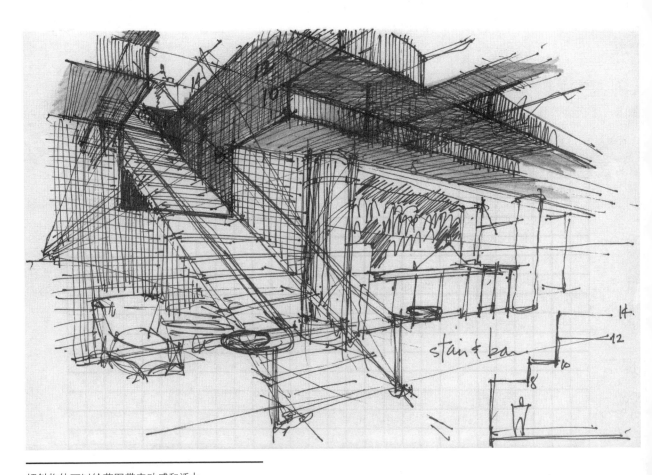

倾斜物体可以给草图带来动感和活力。

设计师工作室草图

本次练习是画一个顶楼上的设计师工作室。在本页的右侧为你提供了参考用的平面图、立面图和剖面图。之后的几页将协助你创建这个场景。

下面是绘制本图的几个注意事项。

1.距离左墙1.8米远的地方有一扇1.8米宽的顶窗。

2.从地面起1.5米高的地方是倾斜的屋顶，在右墙上的顶棚高度是1.8米。

3.左墙通往邻近空间的地方有一个开口。

4.一个上部带斜面的工作台。

5.3.7米长的坡道，0.6米高的飘窗台面。

6.多个尺寸的人形。

在脑海中稍微想象一下这些物体。场景中有多少元素，位置都在哪里，相互之间的对齐关系是怎样的？

闭上眼睛，你还能记起所有的场景内容吗？在开始画之前试着在头脑中对整个场景建立一个初步概念。

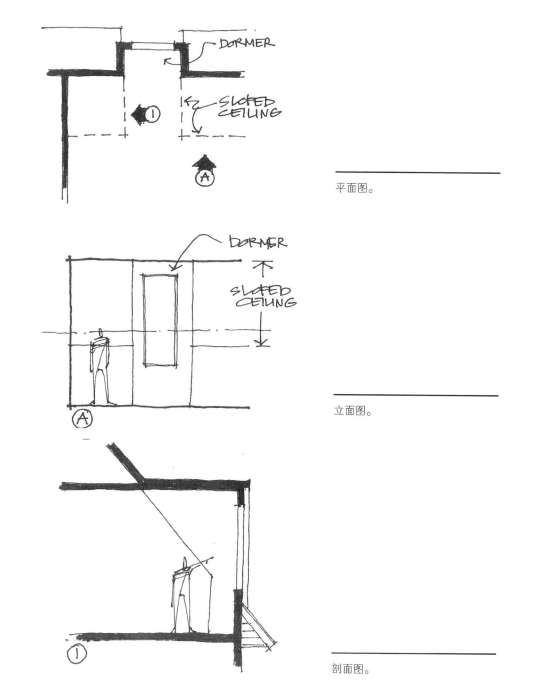

平面图。

立面图。

剖面图。

建立场景草图

想要建立一张内容丰富的草图，就要先从尺寸较大的部分开始，然后再逐步刻画较小的细节。由此你将一步步地搭建起空间的内部框架。

在索引卡上用两点透视的方法画出这个热身练习场景，并把完成的作品贴在下一页的空白处。

开始画图。

1.画一条相当于3.7米的垂线。这是空间中的墙角线。这条垂线将和旁边的人形共同组成整个场景的高度参照物。

2.在用垂线表示的墙角旁边画一个人形，其视平线高度为1.8米。

3.在眼睛的高度上建立一条视平线。在视平线的左右两端分别建立一个灭点，两个灭点距离墙角（垂线）的距离是相等的，它们与人形的距离是垂直高度的两倍。如果垂线长度是x，那么灭点到垂线的距离就是$2x$。

4.连接灭点和垂线的上下两端并将线条延长，建立墙壁、地板和顶棚。

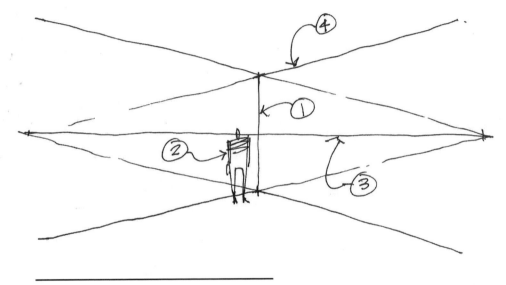

第1~4步。

框架

然后，作出工作室中飘窗的位置。

5.在垂线的右侧再画一条垂线，这条垂线是飘窗开口右侧的边缘。可以在脑海里想象一个开在右墙上的3.7米×3.7米的正方形。

6.飘窗的开面是1.85米。通过对角线交叉找到正方形的中心点，再在中点引一条垂线。如果位置正确，中点应该正好落在视平线上。这时，画面中的右墙上应该有两个1.85米×3.7米的长方形，右侧的长方形即为飘窗开口。

7.飘窗深度约为0.9米，在右墙和屋顶上形成深度。借助人形和飘窗宽度来确定飘窗深度在画面中的尺寸。利用左、右灭点和辅助线绘制飘窗的内墙、地面和顶棚部分。

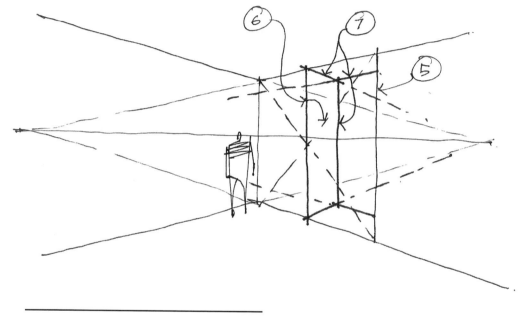

第5~7步。

在接下来的步骤中将向你介绍如何创建第一个斜面：由屋顶向外延伸的倾斜顶棚。请记住，飘窗是从屋顶伸出去的。

8.沿右墙约1.5米的位置放置一条线，并向左灭点延伸。这条线标志着向左倾斜向上延伸的顶棚的开始位置。

9.倾斜的顶棚与房间顶棚相交的位置是进入左侧空间1.85米的*A*点延长线。从左灭点经过*A*点作延长线，穿过顶棚。

10.请记住热身练习中关于创建直角三角形以帮助构造斜面的窍门。从右灭点出发作辅助线连接右壁垂线与顶棚线的交点，在顶棚线上交汇形成点*D*和*E*。

11.*AF*、*BG*和*CH*是三个直角三角形的斜边，也是倾斜顶棚的边缘。注意这些线条是如何消失到场景右下方的（请参阅热身练习中提供的提示）。

提示

考虑好绘图的步骤。怎么才能最快地画出室内的轮廓，从而建立精确的骨架，最后再刻画细部。要着重练习这些步骤，训练自己形成稳定、可靠的绘图习惯，这将有助于你提升绘画速度。

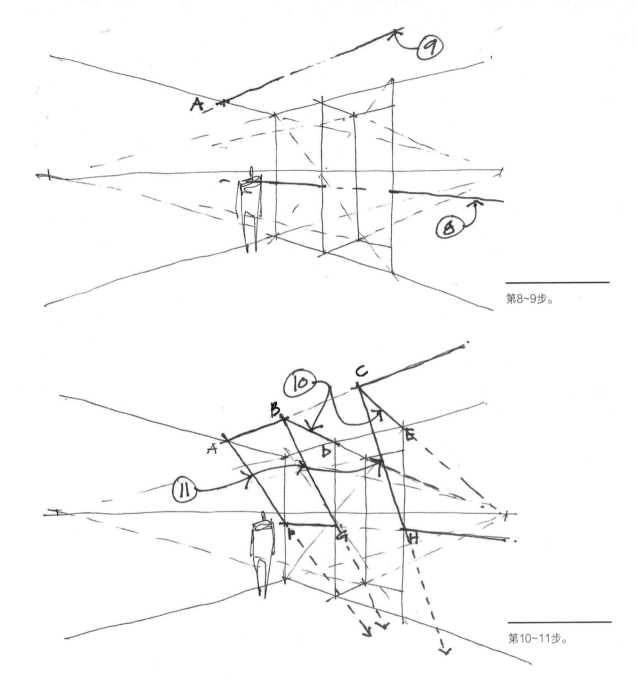

第8~9步。

第10~11步。

下面是正确绘制草图框架时所需的要素。

1.房间角落。

2.倾斜的顶棚。

3.飘窗。

4.参考人形。

请在本书的空白处贴上你的草图。然后观察你的草图并作出修改。如果改动很大的话，就请再画一遍吧。别忘了记下完成时间和日期。

接下来你就要画出这个场景的两点透视图的所有细节。

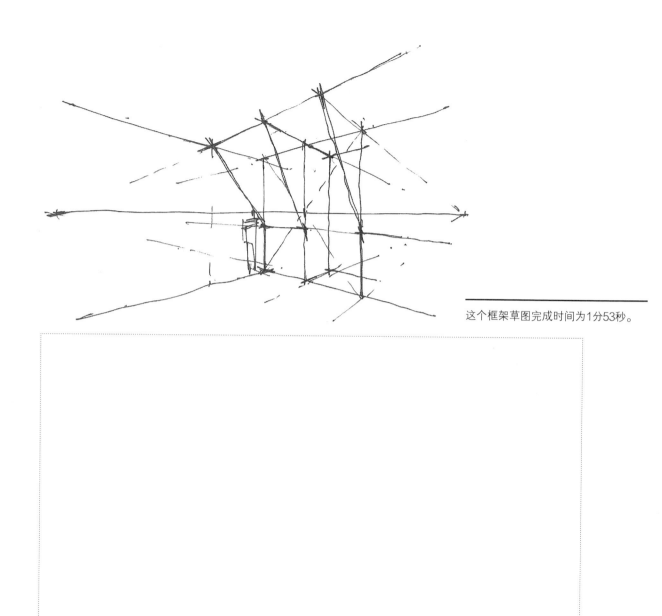

这个框架草图完成时间为1分53秒。

提示

视平线总是与特定的地面或平面相关联的。草图中作为参考的人形的眼睛应该与视平线等高。在这条视平线以上或以下的人形（例如天窗平台上的人形）都应该有属于自己的视平线，并且其延伸线都能与左、右灭点中的其中一个灭点相交。

倾斜表面的灭点将随其所参照的倾斜角度（在垂直方向）变化。

将你的习作贴在这里。

设计师工作室

现在有了框架，你就可以在场景里添加表现设计师工作室的细节内容了。

请注意，需要添加的元素包括以下内容。

1.在通往邻近空间的左墙上有一个3.7米宽的开口。

2.一个带斜面的工作台。

3.一条3.7米长的坡道，以及0.6米高的飘窗台面。

4.多个参考人形。

接下来你就要开始着手画这个两点透视场景图了。

再次仔细观察平面图、立面图和剖面图。闭上眼睛在脑海中想象一个两点透视的场景。

如果你能在脑海中构造出这个场景，那么你就一定能把它画出来。如果你的"心灵之眼"已经看到了草图的样子，就翻到下页，开始着手把它画出来吧！

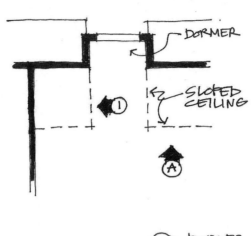

平面图。

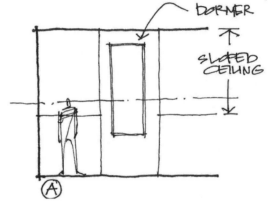

立面图。

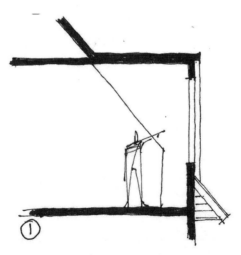

剖面图。

你要对自己在轻松的状态下能画多快有个清楚的认识。这个场景会要求你计时，以提高绘画速度。

着手画之前还要准备下面的事情。

1.用手机或其他工具计时。

2.预计一个让自己感到舒服的、不影响准确性的画图速度。

确保坐姿舒服，只有在舒适的环境下才能画出好的绘图作品。在10厘米×15厘米的索引卡上绘图，将草图和灭点设置在卡片范围内。左、右灭点分别设置在卡片的最左侧和最右侧。准备好后就开始用秒表记时。完成后，点击秒表停止绘画，然后在卡片上记录下日期和时间。

现在开始画图吧!

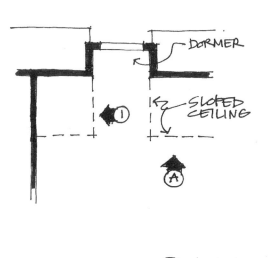

平面图。

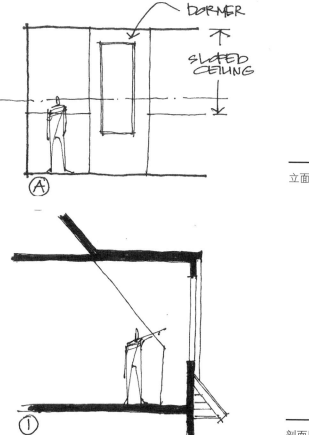

立面图。

剖面图。

是否反复练习

这里有一张本场景的示例，将你的草图和这个示例进行比较，然后把你的作品贴在下一页。记住，没有哪两幅草图是相同的，所以你的草图看起来肯定会和示例略有不同。记录完成草图所用的时间和日期。

找出你画的透视框架图和你添加的细节的优点。思考哪里你画得很顺，哪里比较慢？

为了集中注意力并强化练习过程，请反复进行这个练习。不要再去看书上的指导，让一个朋友扮演客户的角色，在你的画图过程中口述各种设计要求，比如发布在墙壁上布置开口、布置桌子和坡道等指令。

你的目标是让自己养成下意识绘图的习惯，在绘图时要考虑的是如何满足客户的需求。

你可以在这个场景的反复练习中使用不同的倾斜物体和特征元素代替现有的这些。因为在设计的过程中，客户的要求也经常会改变。你需要通过反复练习来提高绘画速度，并将习作贴在下页的空白处。

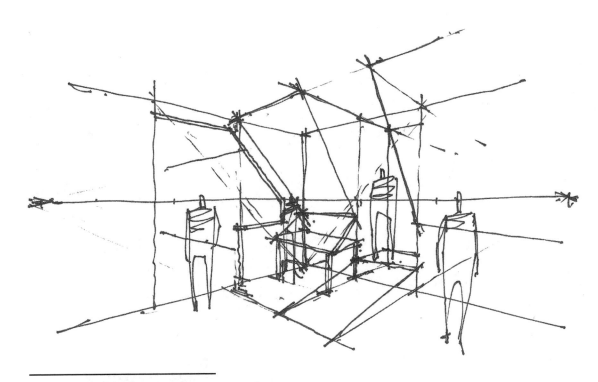

作者绘制这个示例花费了5分12秒。

完成这部分的练习后，如果对自己的作品感到
满意，就请继续下一章的练习吧！

请将你的习作贴在这里。

第3章
元素间的相互关系与对齐

概览

有时候，你需要绘制一些组合对象，如定制的照明设备，博物馆、展会上的展台内容或是一个零售业空间。

在这些场景中将各种元素的相互关系正确地表现出来，并将这些元素对齐对于设计师来说是非常重要的。特别是很多空间设计充满了对齐的元素设计概念。在进行速写时，利用对齐原理构建草图的方法可以让你事半功倍，在不忽略准确性的同时提高绘画速度。

下面的热身练习将要求你创建一个由多个部分组成的简洁碗形吊灯。

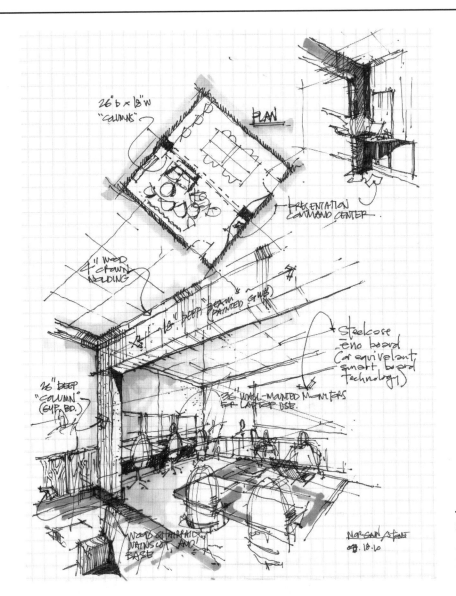

将一间教室改造为学习休息空间的研习草图。作者为吉姆·道金斯。

对称与对齐

　　例如，在这个多个物体的组合中，许多对象都呈中心对齐状态。只要能抓住这个特点，你就会发现构图十分容易。

　　作者花费了2分钟的时间绘制右侧由圆形组成的透视框架图和以框架图为基础的概念草图。在时间允许的情况下，你还可以在描图纸上以概念草图为基础推演不同的设计形式、画出更多的具体细节。在接下来的练习中将带你进入绘制概念草图的阶段。

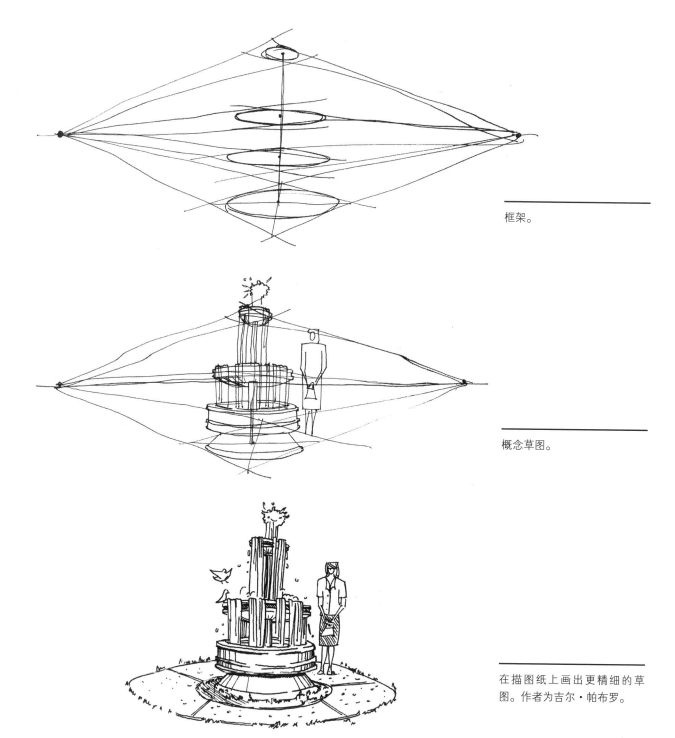

框架。

概念草图。

在描图纸上画出更精细的草图。作者为吉尔·帕布罗。

热身练习

这个简短的练习将指导你如何对齐和摆放复杂的组合对象。通过这个练习你将创建一个由多个部分组成的简洁碗形吊灯。首先画出一个大立方体，然后修剪出吊灯形体部分。

在10厘米×15厘米的索引卡上绘制这个草图，然后将卡片贴到下一页提供的空白处。

1.首先在图纸上创建一条视平线，然后分别在绘图区域的左右边缘设置两个灭点。再在视平线的中心创建一条垂线，这条垂线的高度是地平线长度的2/3左右。这条线将成为所有吊灯部件的中心轴。

2.从灭点向垂线顶端和底端连线，构成一个方形。

3.在中心的垂线左右两侧估计一个距离，再画出两条垂线，这将是围绕中心线构成的立方体左右两边的边缘线。

4.从灭点出发，向对面一侧的立方体边缘线的顶部和底部画延长线。

5.为了便于看出立方体的形态，特别是立方体的深度，可以把后边缘线画在稍微偏离垂直中心线的位置。

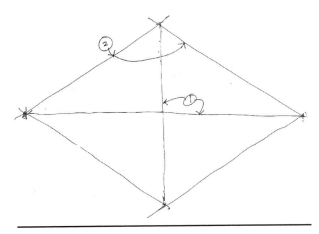

第1步、第2步。

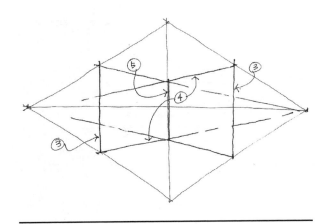

第3~5步。

提示

在对称图形中（在垂直中心线的左右对称，或是水平线上的上下对称）添加一些参考线（如立方体后部的边缘线），这些线条不必完全精确，但可以帮助你更清楚地识别所有线条，分清前部和后部的线。

下面我们将通过在立方体表面绘制辅助线来"雕刻"出我们需要的形状。

6.在立方体的各个侧面上估出中间点，然后用虚线画出中点连线，以免混淆。

7.连接立方体顶面和底面上的中点，明确立方体的中心，在底面上利用这些点画出圆形透视图。

8.按照第6步的方法将顶部的方形再次分割为16个小的方形。在顶部中心的四个小方格中绘制出一个小圆形，作为吊灯和顶棚连接部的圆盘。

9.有时候一些用来确立其他形状的线也可以再次用来确立新的物体。比如在右边的草图中，原本用来确立立方体两个后方的面的辅助线可以用来建立两个水平的玻璃零件的上下边缘。

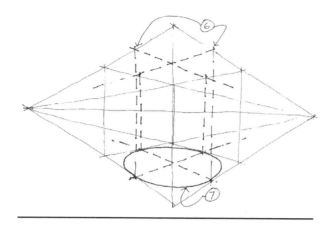

第6步、第7步。

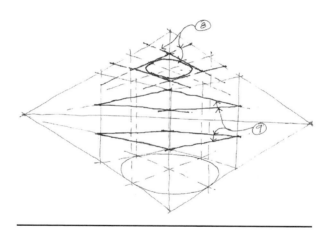
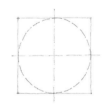

第8步、第9步。

提示

在正方形、矩形和其他四边形的边上找出中点，这可以帮助你将图形分成相等的分量。一种方法是通过估出透视距离，如左图第6步所做的那样。还可以在方形中画交叉对角线，通过交点来确定立方形的中心。

记住！正方形中的圆与正方形四边的中点相切。这将帮助你更准确地在透视正方形内刻画出一个圆形（看起来像椭圆形）。

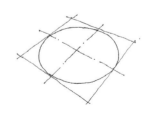

在正方形中画圆形，平面图。

在正方形中画圆形，透视图。

现在可以画出吊灯的各个部件了。

10.用前面提到的方法画出两个水平的透视方形，用来辅助我们画出吊灯中间的玻璃部件。

11.从顶部的圆形向下作延长线，画出一个圆柱体，形成吊灯的顶盖。

12.用一个较小的圆形画出顶盖的中间部分。

13.在圆柱体的底部刻画一个碗形的吊灯灯罩。这是一个以A点为圆心的、倒过来的穹顶形状，在内圈再加上代表灯罩厚度的线。

14.通过从角部向上延伸线条来创建两个玻璃部件，并通过从前部边缘到灭点的延伸线来表现厚度。

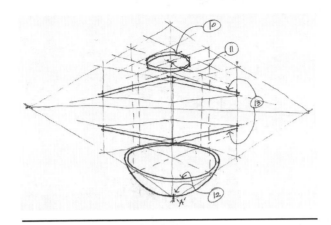

第10~13步。

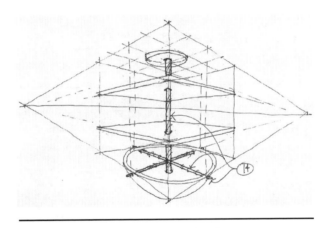

第14步。

提示

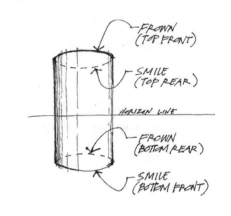

圆柱体顶部和底部边缘让人想起笑脸和哭脸的嘴唇弧度。在视平线以下的圆柱边缘是笑得翘起来的嘴形，在以上的边缘是不高兴的、向下垂的嘴角形状。这个规则适用于圆柱体前部最靠近观察者的边缘。在离观察者远的一面，边缘的弯曲方向是相反的。

圆柱体在视平线上方和下方的轮廓线。

到了这一步，吊灯的绘制基本上完成，你可以开始添加能够想到的细节了。请记住，即便在创建最初的骨架时，也不要忘掉有关细节设计的好想法。

把所有元素都对齐的确很花功夫（别担心，本单元的练习没这么复杂），现在该画细节了。

15.在中心线上画上吊灯的主杆，灯杆延伸至碗形的灯罩中，同时绘制缠绕在这个灯杆上的电线。再在灯罩中画两个交叉的支撑杆。在支撑杆露出灯罩的末端加上盖子。

16.在灯罩内的交叉灯杆上画上四个灯泡。

17.将下面的玻璃板平均分成四部分。找到玻璃板边线的中点，并从中点作延长线连接灭点。然后在玻璃板表面画实线，将玻璃板分成四个新部分。

18.添加各种线缆和连接处的细节。

不要担心，速写只是头脑风暴的工具，更重要的是如何向别人讲述你的设计想法。没画好又怎样？多练习几遍就行了。

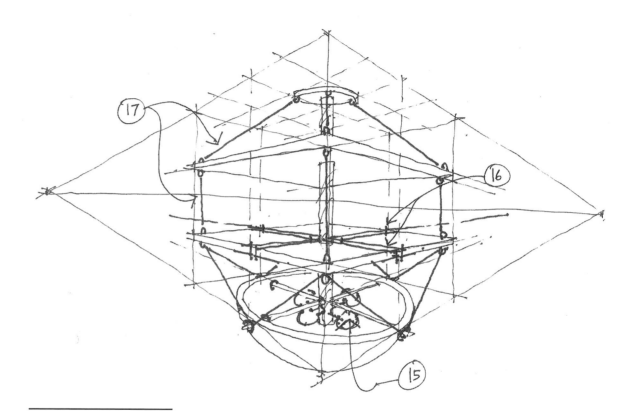

第15~18步。

这是热身练习的一个示例。在示例中，我们将其中一些线条做了加强以显示前景和背景深度。此外，在弯曲表面上还有一些加强效果的辅助线条。

把你的草图作品贴在本页空白处。看看你画得如何？当然，不必追求完美（示例也不是完美的）。检查是否对齐和物体比例关系是否正确，看看玻璃平面是画大了还是画小了，灯罩是太深，还是太浅了？你的细节设计会不会有些不同？

为什么不按照你的设想再画一遍？请记住提升速度的诀窍：抓住垂直和水平的对齐关系，还有各部分与整体的关系。

你可以进行反复练习，来提高完成的速度和准确性。然后在示例下面的空白处附上你的作品。确保把画得最好的一张草图放在最上面！如果你有足够的信心继续画下去，那么请翻到下一页并继续本单元的场景练习。

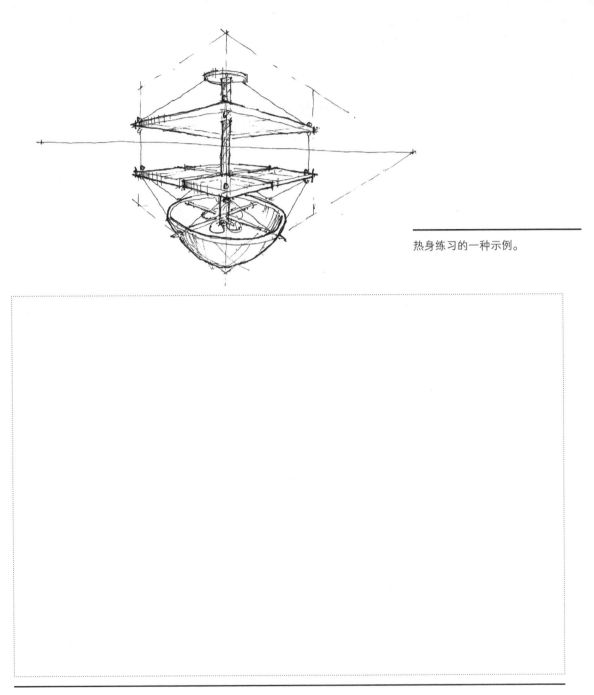

热身练习的一种示例。

请将你的习作贴在这里。

古书展柜草图

　　本单元的场景练习是创建博物馆中一个展示几何学古书的展示柜。展示柜中有个梯形基座，上面是立方体展台，书放在倾斜的书架上，上方还有圆柱形的照明装置。

　　要注意到所有元素都有同一个圆心，边是对称的。

1.梯形基座与方形展台。

2.展台与书架。

3.梯形基座与圆柱形照明装置。

4.还有其他物品吗？

　　用下面这些假定的尺寸帮助你调整大小和比例关系（记住，这只是张草图）。

　　　1.3.7米高的顶棚。

　　　2.面到展台顶面是0.9米。

3.圆柱形的直径是1.2米。

　　采用从平面图右下方向左上方观察的视角。在脑海中想象这幅画面和自己要画的内容，这种在脑海中形成的样稿可以指导你的手、眼和线条运用。

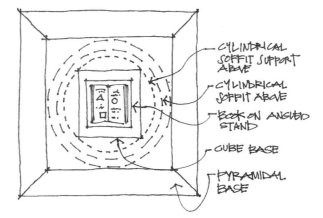

平面图。

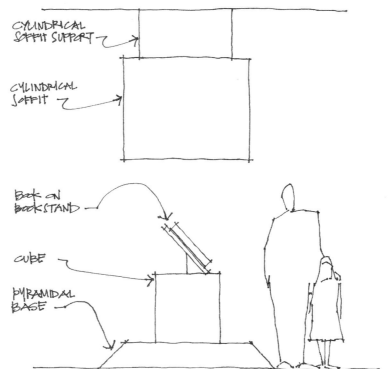

立面图。

古书展柜1

现在开始画图。很重要的是你要有很快就能上手的感觉。本练习要计时，以便提高你的绘画速度。

开始画图之前请你做下面几件事。

1.现在请准备好手机或其他计时设备，以记录你花费的时间。

2.马上你就要在10厘米×15厘米的索引卡上练习这张草图了，注意保持从容、高效、准确的状态。

3.速写完成后，立即停止计时，然后记录下完成时间，这样你就可以发现随着时间推移，自己的绘图质量越来越好，完成时间越来越短。

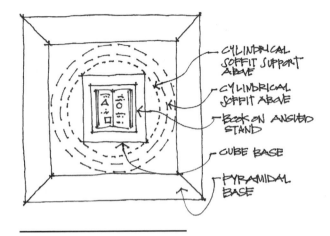

平面图。

版本一中包含了古书展柜草图中的所有元素，此外还有如下内容。

1.成人的形体。

2.儿童比例的形体。

画面中线应在视平线的中央。

那么，现在开始画图吧!

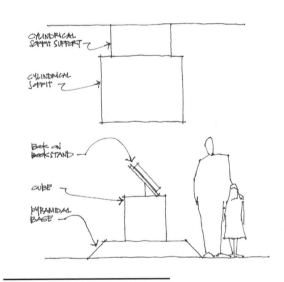

立面图。

古书展柜1的一种解决方案

右侧是古书展柜的一种草图方案，或许它和你画的草图不大一样，不过没有关系，你要建立自己的草图风格。最常见的差别是场景中高度线和灭点的设置会因人而异。不过，仍然要确保所有元素的透视关系正确。

或许你画得不够快，只需勤加练习，速度就会提升上来。比较草图质量的一般标准是准确度、比例大小和对齐关系等。这些标准不会像线条风格等那么容易因人而异。

把你的习作贴到本页空白处，并和示例对比。审视你自己的作品，特别是从以下方面。

1.草图是否清晰易懂？

2.如果图中有看上去让人不舒服的元素，请分析一下原因。例如照明装置底部的圆形大小比例是否正确，整个圆柱状的照明装置是否画得太宽或者太窄？

至此，你已经学习了关于草图中元素的对齐和关联的内容。你要反复练习这个草图。画法可以稍有变化，以便保持趣味性，勤加练习会让你的画图速度逐渐提升。试试能不能比上一次的完成时间更短，比如缩短30秒左右的时间！

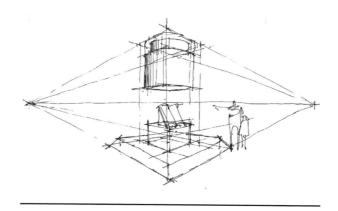

一种解决方案，作者完成这幅草图花费了大约4分40秒。

请将你的习作贴在这里。

古书展柜2

请根据本页提供的平面图和立面图，计时练习一幅古书展示柜的透视草图。这幅图里的元素是和前一幅图比稍有变化。

在版本二里，按照客户的要求加上了平面图和立面图里没有的两个元素。

1.在书的正面加上一个平台和几级台阶。平台和展示柜的基座平行，主要是为了方便儿童观看，平台两边还要设有扶手。

2.为了保护古书不被损坏，还要在书的外面罩上一个圆柱形的玻璃罩。玻璃罩安装在方形展台上，高度只要超过书的高度即可。

开始画图之前请做下面几件事。

1.现在准备好手机或其他计时设备，以记录下你绘制草图花费的时间。

2.马上你就要在10厘米×15厘米的索引卡上练习这个草图了，注意保持从容、高效、准确的状态。

3.草图完成后，立即停止秒表计时。记录下完成时间，这样你就可以发现随着时间推移，自己的绘图质量越来越好，完成时间越来越短。

现在开始在索引卡上画这幅两点透视图吧!

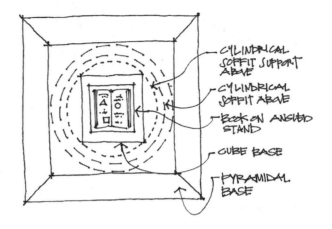

平面图。

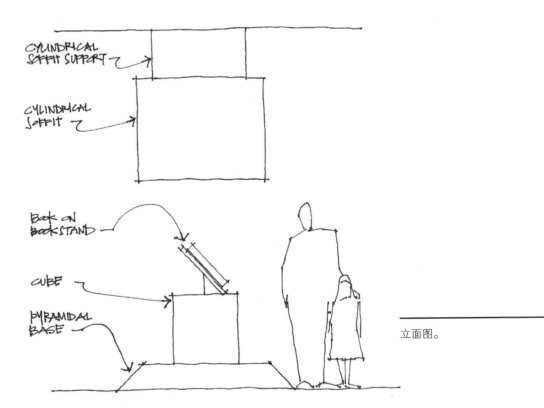

立面图。

古书展柜2的一种解决方案

这是另一种解决方案，包含了客户的新要求。再强调一次，每个艺术家的个人风格不同（线的粗细、角和交点的处理方式等），草图也会有所不同。但是，请仔细观察所有元素的透视是否正确。

把你的习作贴到本页空白处，并和示例进行对比。要注意对齐和相互关系的处理，不必在意线条风格等因素。

关注那些提高准确性和速度的技巧。你用了多少时间？如果比作者慢，思考一下自己在哪里可以改进。分析一下作者在哪里会很快画好，哪里需要慢慢描绘细节。

每当你重复练习一张草图时，可以让自己画得更快、线条更加自信。成功的关键是反复练习。重复练习有其优点：你可以发现某些通用的运笔方法和简单、高效的动作，并且可以更好地理解细节和整体的关系。这需要时间和耐心，你要学会正视自己的错误。

在更多的索引卡上练习草图，记录下完成时间和日期，并开始自我比较。要始终追求更好、更快、更强的准则。把以前的习作贴在此页面上。你一定会发现自己速度和准确性的提高！

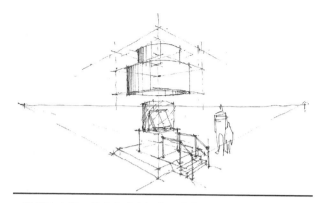

一种解决方案，作者完成这幅草图花费了大约6分50秒。

请将你的习作贴在这里。

古书展柜3

在本页中你将使用相同的基本形状和形式创建第三个草图。这个场景中有几处与第一个和第二个草图不同。通过反复练习这个场景，你将建立绘图记忆，增强信心，提高速写准确度。

 在这一变化版本里，客户要求你加上平面图和立面图里没有的两个元素。

1.因为古书的内容是关于几何学的，所以要加上一个"GEONS"的文字标志。在照明装置的下部加上立体字"GEONS"。

2.展示柜的位置是在一个展厅的墙角，请加上左右两边的墙，让草图更有现场感。

开始画图之前请做下面几件事。

1.现在准备好手机或其他计时设备，以便记录你绘制草图花费的时间。

2.马上你就要在10厘米×15厘米的索引卡上练习这张草图了，注意保持从容、高效和准确的状态。

3.速写完成后，立即停止秒表计时。记录下完成的时间，这样你就可以发现随着时间推移自己的绘图质量越来越好，完成时间越来越短。

现在开始在索引卡上画这幅两点透视图吧！

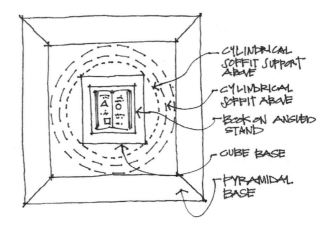

平面图。

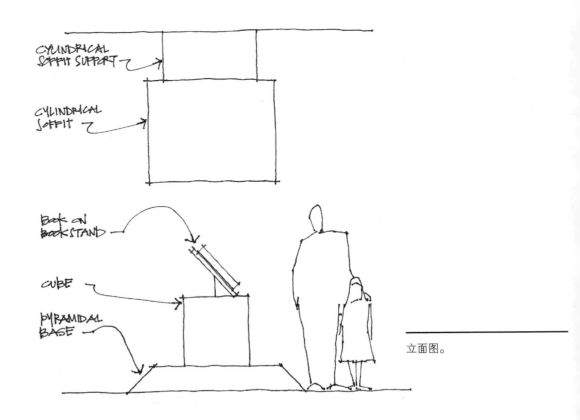

立面图。

古书展柜3的一种解决方案

这是对于客户在展柜加上字体信息新要求的一种解决方案。请记住，展柜基本框架与以前的草图相同，只是细节有所不同。通过记住绘制前一个草图的重复动作来创建这幅草图的基本内容，将重点放在提高速度上。

把你的习作贴到本页空白处，并和示例对比。这次你在哪里画得更快了，哪里有些不顺？

每当你重复练习时，你的绘画技能就会有所提高。把你的成功习作贴在旧的习作上。对同一场景的每一次重复都是一次在同样时间内画出更多细节的练习机会。记住：这种练习的实质是帮你建立一种速写的行为习惯。反复练习将为你带来信心，而信心又可以带来更快的速度和更高的准确性。

假如你可以在5分钟内完成草图的几个版本，并且比例、准确性和细节表现都令你满意，那就请继续阅读下一章，并开始学习其他技能吧。但是，不要学了新的忘了旧的！每一章的练习都建立在前一章的基础上。将新学到的每种技巧与其他技巧融会贯通，以建立更可靠、可预测的速写技巧。

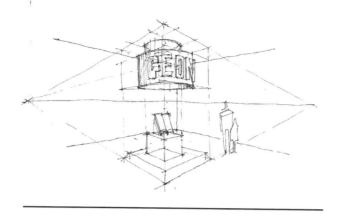

一种解决方案，作者完成这幅草图花了大约6分32秒。

请将你的习作贴在这里。

第4章
门窗

概览

    画出逼真的门窗可以为整张草图增彩。门窗要有真实的比例和足够的细节，才让观众能够一目了然。

    想要画好这些常见元素，首先要对两个物体的相互关系进行理解，比如门窗的形态和它们与墙壁的关系。我们经常需要刻画门或窗的内侧来表现墙壁的厚度。

    本章将与你一起探讨如何画门窗，你应该明白一点：你为这些元素投入的精力应该随着速写目的的变化而变化。

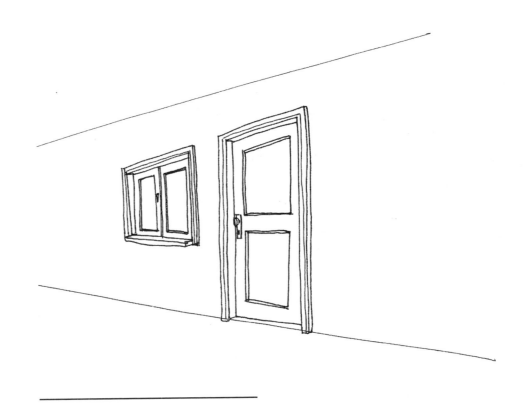

带有厚度细节的门窗透视图。

热身练习

　　仔细观察这张窗户的照片。需要刻画其中的细节部分。可以看到窗户的内框表面和底部，以及延伸到房间内的窗台。

　　根据给出的示例进行学习，画窗户的草图并注上部件名称。将你的习作贴在本页空白处，最好多练习几次。

这扇窗嵌入墙体中的
部分比较深。

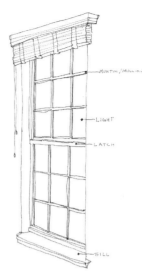

这幅图的细节较多，
还带有一些窗户部件
的注解。

请将你的习作贴在这里。

门是有厚度的（当然，在关闭的状态几乎是看不到的），通常嵌入墙体中，在门面板上装有装饰框。

在绘画过程中，通常并不需要在门窗上刻画出这么多细节，但你应该了解怎样去画门窗的各个部分。假如你的客户来自门窗生产企业，那么对门窗的刻画显然就需要更多细节了。

请试着在索引卡上画出照片中的这扇门，并将你的习作贴在本页空白处。可以反复练习。

这扇门上带有方形凹形装饰框。

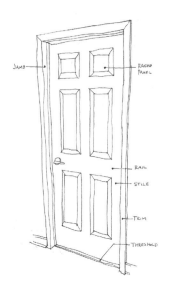

用草图表现门的主要元素。

请将你的习作贴在这里。

画多少细节

在草图中画多少细节取决于下面几点。

1.目标物体在草图中的重要性。需要引起客户注意的内容通常会画上更多细节。

2.场景中的物体是什么？如果窗户位于场景中的远处，那么就不需要刻画很多细节。因为人的眼睛无法看到远处物体的细节，也就不需要花这些额外的功夫。

3.需要用多少时间来画图？每画一笔都需要时间，你的时间要用来构建场景中最主要的内容，有时候门窗并不是最主要的内容。

 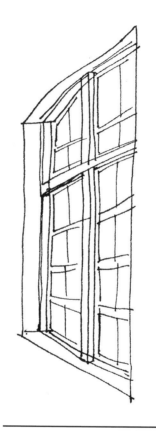 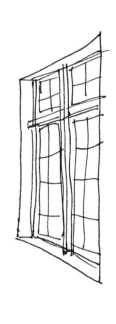

细节较多的草图，物体应处于前景和（或）中景的聚焦范围内。

细节适中的草图，主要适用于在场景周围和中、后位置的元素。

细节很少的草图，不需要聚焦，通常位于场景的中、后位置。

准备速写

接下来，你即将开始练习这幅两点透视草图。用适中的细节度完成门窗的绘制。

 认真观察旁边的平面图和立面图，并注意以下细节。

1.顶棚多高？

2.门和窗的边框顶部高度是否一样？

3.窗有几块玻璃？

4.窗是如何打开的？

5.注意边桌。

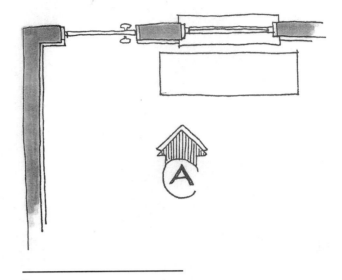

平面图。

立面图。

重要的是确信自己能够以多快的速度轻松地绘制草图。本场景要求你进行计时，这样可以提升速度。

开始画图之前请做下面几件事。

1.现在准备好手机或其他计时设备，以记录你绘制草图花费的时间。

2.马上你就要在10厘米×15厘米的索引卡上练习这个草图了，注意保持从容、高效和准确的状态。

3.速写完成后，立即停止计时。记录下完成时间，这样你就可以发现随着时间推移，你的绘图质量越来越好，完成时间越来越快。

现在开始在索引卡上画这幅两点透视图吧！

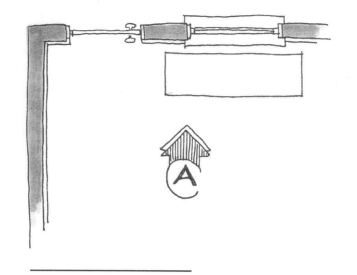

平面图。

立面图。

你的草图

确保坐姿舒服，只有在舒适的情境下，设计师才能画出好的绘图作品。

画面中有三个元素。

1.门。

2.楼梯。

3.参考人形。

你将在10厘米×15厘米的索引卡上绘制草图。草图的内容和灭点要全部体现在卡片上。将左、右灭点分别放在卡片的最左侧和最右侧。

准备好后，按下秒表计时，然后开始画图。

速写完成后，立即停止计时。记录下完成时间和日期，然后翻到下一页。

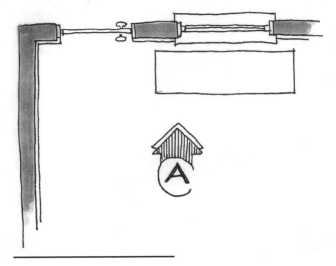

平面图。

立面图。

一种解决方案

将你的习作和这个示例进行比较。

将你的习作贴在本页空白处，并认真检查你的作品。

1.是否一看就能让人明白场景内容?

2.有没有看上去感觉不大对的地方?仔细分析一下画得不对的原因。例如，桌子的面似乎不是平的，有可能是四条边的线条没有对准灭点。还可以请有绘画经验的人帮你看看作品，有时候自己不容易发现自己的缺点。

即使习作不太理想，或是完成作品花费的时间太长，也不要沮丧。每个人总有刚起步的时候，要想更好，唯有坚持练习!

这些草图中出现的问题会帮你有效提升绘画技巧，同时这些问题需要你在草图上添加线条或注解进行说明。

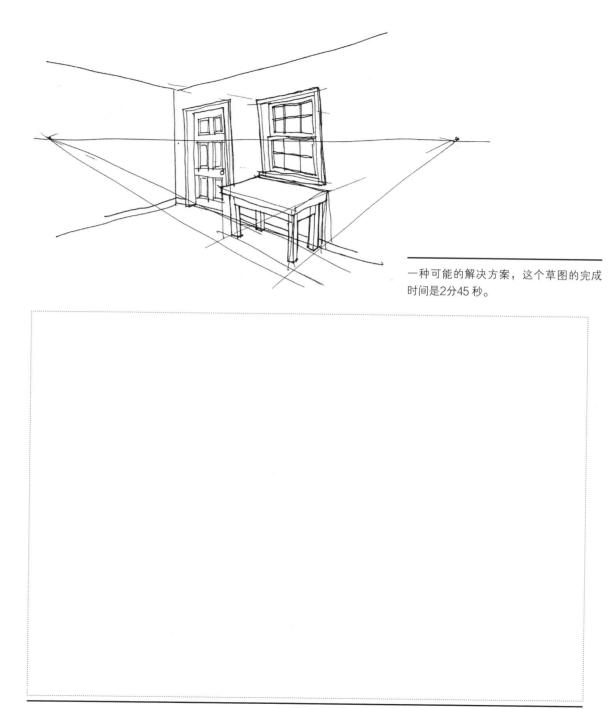

一种可能的解决方案，这个草图的完成时间是2分45秒。

请将你的习作贴在这里。

刻苦练习，但要体会到乐趣

重复练习是提高速写能力的关键，这可不是一蹴而就的事情。你应该养成经常速写的习惯，以提高速写的速度。

如果在场景绘制的过程中遇到问题，那就再试一次。请耐心地尝试，在索引卡反复练习，并将习作贴在上一页。如果你对自己的进步感到满意，请继续阅读下一章。

要经常速写或"涂鸦"！比如你在电话，请随手画出你在想什么。如果你正在听一个无聊的讲座，请画出讲课人的样子。养成通过速写捕捉你的生活瞬间的习惯，这可以使生活更有趣。本图作者吉尔·帕布罗。

第5章
吸引人的顶棚

概览

富有特色的建筑元素会增添室内空间的吸引力。顶棚就是这样的元素。顶棚包括吊顶、天窗、裸露的横梁和其他组成部分。高度的变化往往影响空间的整体效果，让人感到空间的亲密或空旷。

为了高效地探索各类设计创意，你应该熟悉各种顶棚样式的速写技巧。

顶棚的高度在同一个空间内也可能不同。本图作者吉尔·帕布罗。

穹顶（弧顶）以及顶部的沟槽增加了顶棚的吸引力。本图作者吉尔·帕布罗。

天窗

在本场景中要求你绘制一个中央顶棚区域带有凹陷天窗的博物馆画廊空间。你绘制的草图不一定要和旁边这幅示例一模一样，但在基本形式上要相似。

练习到这里你已经是绘制窗户的专家了。根据在前几章中练习的场景，你会发现绘制顶棚天窗和绘制普通窗户有些相似。只是这一次窗户开口是在顶棚上而不是墙上。

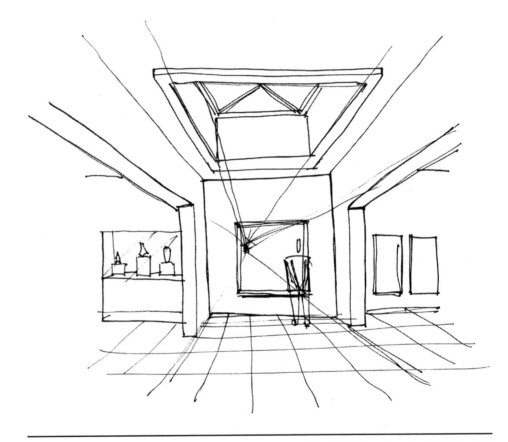

顶棚上的天窗通常具有各种形状和大小的玻璃窗。博物馆多依靠天窗来采光，同时要防止阳光直射到展品上，因为阳光辐射的紫外线会损坏博物馆的陈列品。

热身练习

根据下面的步骤，在索引卡上用一点透视图画出一个带凹顶的房间。

1.利用背墙、侧墙、地板和顶棚建立一点透视的房间。

2.利用灭点画出顶棚凹陷部分的轮廓。轮廓的前后边缘由水平线构成。

3.在顶棚凹陷距离我们较远的两个角上画出向上的垂线。

4.参照灭点画出凹顶的左右两边，用水平线画出在这个视点上可以看到的一个横边。

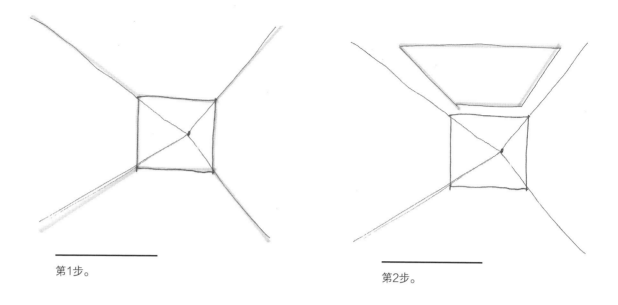

第1步。

第2步。

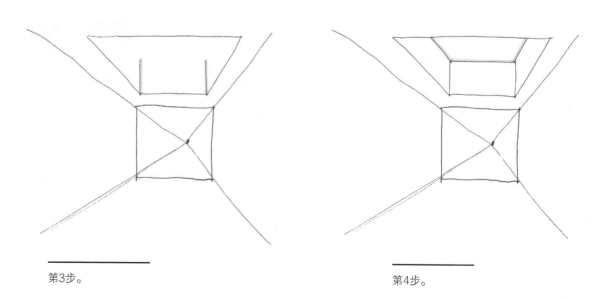

第3步。

第4步。

这是热身练习的一个示例。在天窗上还画了一些表现窗框的线。

将你的习作贴在本页空白处，并和示例进行比较。

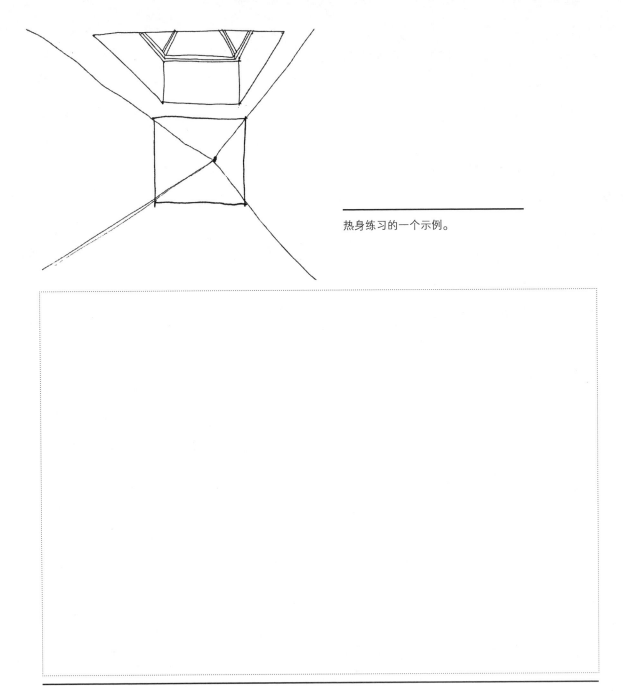

热身练习的一个示例。

请将你的习作贴在这里。

博物馆画廊 1

现在开始本章的主要练习。最重要的目的是让你了解自己在舒适的状态下能够画多快。本练习要求计时，以提升绘画速度。

在开始画图之前请做下面几件事。

准备好手机或其他计时设备，以记录你绘制草图花费的时间。

你马上就要在10厘米×15厘米的索引卡上练习这个速写草图了，注意保持从容、高效和准确性。

在速写完成后立即停止计时。记录下练习次数、完成时间和日期，这样你就可以发现随着时间的推移，你的绘图质量越来越好，完成的时间也越来越短。

在此次草图绘制中，客户将要求你加上以下几样东西。

1.在顶棚较低的位置加上内嵌的筒形射灯。

2.在左墙通往旁边展厅的地方画上一个宽敞的走廊开口。

现在在10厘米×15厘米的索引卡上画出这幅一点透视图吧！

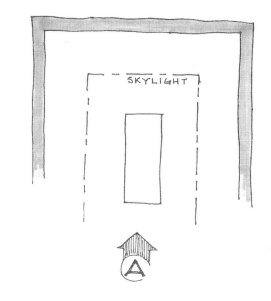

平面图。

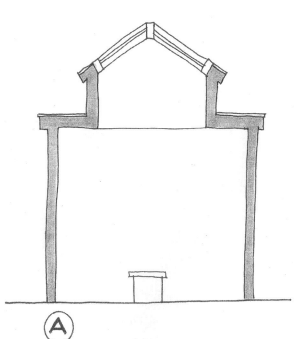

立面图。

博物馆画廊1的一种解决方案

从照明和其他要求中可以看出，你的这位博物馆客户非常特别。你们的关系应该是合作式的，这样才能创造更好的、更有用的解决方案。草图就是你们交流各自想法的完美工具。

本页给出了一个包含客户要求内容的解决方案。它可能看起来和你绘制的不太一样。不过没关系，每个人设置的顶棚高度和场景中灭点的位置通常会有所不同。但是，你的作品中所有元素的透视应该是对的。或许你没能在4分钟内完成练习，但经常练习，你的速度一定会提高的。

把你的习作贴在示例下面以进行比较。仔细检查你的习作并诚实地自我批评。

1.你的草图是否一目了然？

2.如果有些地方看起来不太对，请花点时间诊断草图中的问题。例如椭圆形的射灯是否在水平方向上延伸？怎样才会让它们前后变短，看起来与顶棚在一个平面上？

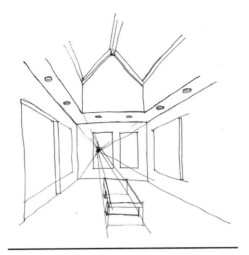

一种解决方案，完成时间约为4分钟。

通过这幅草图，你可以学习到一些更吸引人的顶棚设计的画法，你可以反复练习这个场景。在后边的练习中，我们的场景设置会略作变化，这样才更有趣。而重复练习总会帮你提高画图速度。试着用比上次更短的时间完成草图，能缩短30秒就更好了！

你可以在10厘米×15厘米的索引卡上反复练习这个版本的草图，注明日期和所用时间。然后将你的习作贴到此页面的空白部分。

请将你的习作贴在这里。

博物馆画廊 2

在本页中，你将用与博物馆画廊1基本相同的内部设计创建另一个一点透视草图，其中有几处细节与第一个版本不同。

在这个版本中，你的客户要求加上两个未在平面图和立面图中显示的元素。

1.在长凳的后边放置一个用来摆放博物馆资料的小桌。小桌的高度与长凳的高度一样。

2.在左墙上挂两幅大型油画以替代此前那里的作品，每幅画的尺寸为1.8米×1.8米。两幅画悬挂的高度一样。如果距离我们较近的一幅的近边无法在画面显示出来也没关系。

在开始画图之前请做下面几件事。

准备好手机或其他计时设备，以记录你绘制草图花费的时间。

你马上就要在10厘米×15厘米的索引卡上练习这个草图了，注意保持从容、高效和准确性。

速写完成后，立即停止计时。记录下练习次数、完成时间和日期，这样你就可以发现随着时间推移，你的绘图质量越来越好，完成的时间越来越短。

现在在10厘米×15厘米的索引卡上画出你的一点透视图吧！

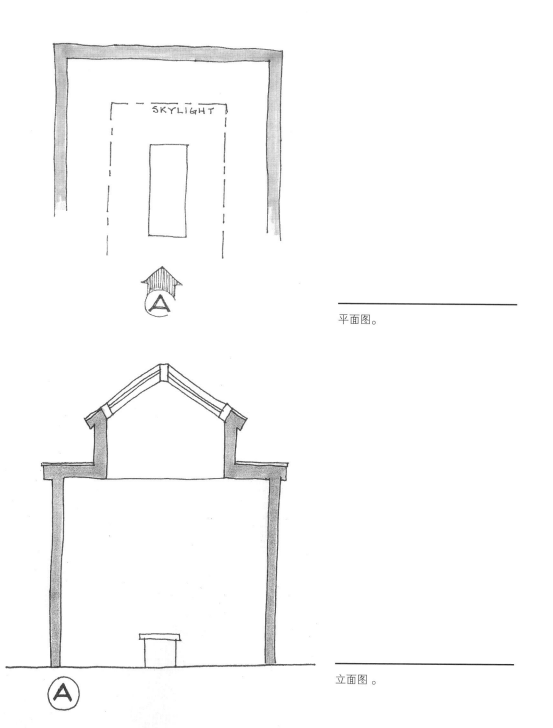

平面图。

立面图。

博物馆画廊2的一种解决方案

这是一个包含客户新指令的解决方案。要知道，由于艺术家的个人风格不同（线的粗细、拐角交叉点的处理方式等），草图的表现效果也会有所不同。但是，请仔细观察是否所有元素都表现正确。

把你的习作贴在示例下面的空白处以进行比较。

重复练习会让你的绘画速度变得更快，线条运用更加自信，这就是练习的好处。不过，有时不一定总是进步，请不要感到惊讶。这就像跑步运动员进行训练一样，一段时间后会遇到瓶颈期。

在接下来的页面中请注意反复练习这个场景。绘制场景时要不断增加小变化，才能保持趣味性。趁着你对情景持有的新鲜感可以多加练习。这就像举重一样，重复练习使你变得更强。

可以不断重复这个版本的练习。在10厘米×15厘米的索引卡上多练几次，记录下练习次数、完成时间和日期，这样你就可以发现随着日积月累，你的绘图质量越来越好，完成时间越来越短。

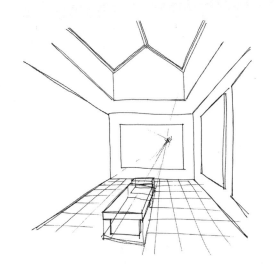

一种解决方案，完成时间约为3分45秒。

请将你的习作贴在这里。

博物馆画廊 3

在本页，你将练习用基本相同的内部设计创建另一个一点透视草图，其中有几处细节与第一个和第二个版本不同。

 通过重复这个场景练习，你可以建立图像记忆，增强信心，并提高准确度。

在这个版本中，你的客户要求加上未在平面图和立面图中显示的两个元素。

1.在长凳上增加一个观众，你可以自己决定他的位置方向。

2.在凹顶两侧加上垂直的天窗，请注意表现墙的厚度。

 开始画图之前请准备好手机或其他计时设备，以记录你绘制花费的时间。

马上你就要在10厘米×15厘米的索引卡上练习这个草图了，注意保持从容、高效和准确性。

速写完成后，立即停止计时。在卡片的右下角记录下练习次数、完成时间和日期。

现在开始在索引卡上画这幅一点透视图吧！

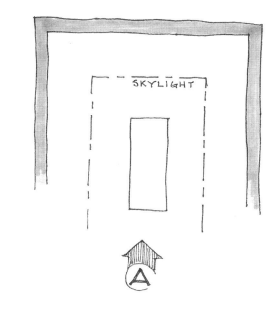

平面图。

立面图。

博物馆画廊3的一种解决方案

　　这是解决方案的一个示例，草图中包括了客户的新指令。在索引卡上画的第一版草图可以带有灭点和辅助线。

　　把你的习作贴在示例下面以便与示例进行比较。重复练习将帮你提高画图速度。

　　重复练习会让你的绘制速度变得更快，线条运用更加自信，这就是练习的好处。不过，有时不一定总是进步，甚至会变慢。请不要感到惊讶，这没关系！

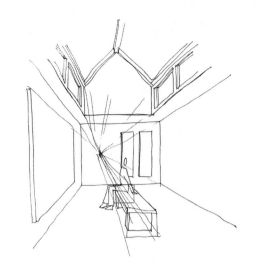

一种解决方案，完成时间约为4分钟。

请将你的习作贴在这里。

有趣的顶棚设计的巨大潜力

接下来的场景中包括更有趣的顶棚设计和第一部分场景中练习过的窗户、门和楼梯等元素。通过这些练习你可以建立自己的室内元素"技能库"。

你也可以重复第5章的场景练习。在多张10厘米×15厘米的索引卡上反复练习，并把你的习作贴在书中。

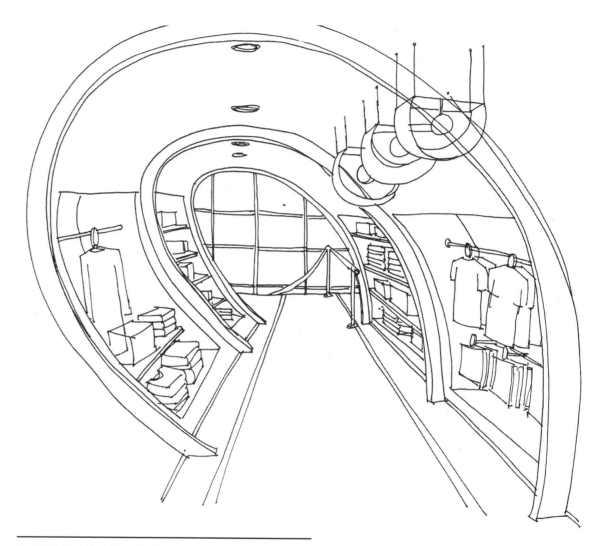

有时候顶棚和墙壁会融为一体，例如这个形式比较特别的空间中。如果你能画出这种特殊的空间构造，说明你已经掌握了一个很棒的专业技巧。本图作者吉尔·帕布罗。

附加草图练习

草图中的人物

　　欢迎来到第一个附加草图练习章节！本单元将为你提供进一步增强草图效果的理论和练习内容，比如花卉、植被、树木、人物等。与草图中的所有其他元素一样，你可以创造独特的附加元素表达方式，本章节中的内容将帮助你定制这些元素以适应自己的风格。

　　本书中大部分的场景都可以通过添加人物元素丰富展示效果。人物通常是草图很好的补充，这主要是因为如下几点。

　　1.人物的存在提供了空间的尺度感。

　　2.人物的存在展示了空间的应用方式，通过借助人物形象，你的客户可以想象置身于你设计的空间中将是怎样一种体验。

　　3.如果绘制和摆放得当，人物就能令场景氛围更加活泼。让客户联想到人与空间环境如何互动。

　　本页中的草图用人物创造了环境的尺度感并协助构图。

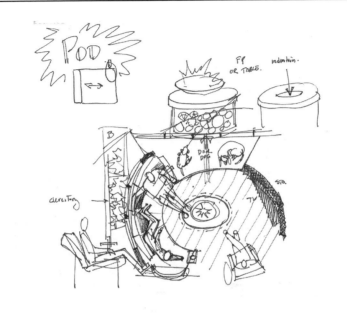

供家人聊天的角落粗略草图。人物和狗的加入有助于确定家具的尺寸和家具之间的距离。

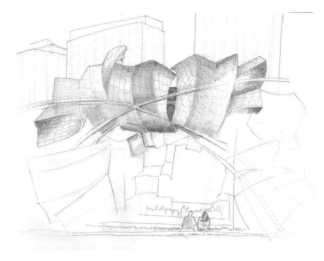

一张未完成的芝加哥普利茨克音乐厅草图。图中有排练的乐团。通过前景中的人物对比，显示出巨大而动感的舞台造型，机具戏剧性视觉效果。本图作者吉尔·帕布罗。

样式的选择

因为设计师对人物造型风格的偏好不同，所以本页在常用的人物样式中选择了三种。你也可以在其中的基础上添加自己独特的风格。

人物速写的诀窍在于，必须用几笔就能迅速勾勒出令人信服的人形。充分练习有助于让你的线条看上去充满自信（没有犹豫和修改）。人物速写的棘手之处在于我们习惯于观察周围的其他人，总是期望抓住一定的身体部位比例。草图中的人物速写既要在比例上具有可信度，但不能过多地吸引人们的注意力。所以对人体比例的娴熟掌握和预估就很重要。例如人的头部不是圆形的，而是椭圆形的，宽度通常是肩宽的四分之一到三分之一。如图所示，如果将身高分为七等份，一个人的腰部通常在三等份到四等份之间。

你可能还会注意到，在草图中，人物表现时不需要绘制很多细节。观众只要看到通过简单线条勾勒出的头、肩、臂和腿等就足够了。

通过大量练习来建立自信。要让随手勾出人形成为一种下意识的习惯（研究人员称之为"自动动作"）。现在就开始练习吧！在一张空白的13厘米×20厘米的索引卡上分别画出本页所显示的三种人物样式。人物高度不要高于7厘米，这样笔划的长度更易于掌控。

光头的人和建议的人体比例关系。

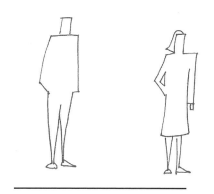

用方块和直线条勾勒的人体轮廓。

人物侧面轮廓。

下笔要大胆而自信。至少要画10~20个人形，你才会找到这种感觉。事实上，多画几张人形图是完全没问题的。要为失败感到高兴，因为每次失败都能学习到更多东西！把你的作品贴到下一页以记录练习情况。

记录你的人物速写练习

　　将你的作品附在此页上。记录你的练习情况，随时回到本章查看自己的努力和进步。

请将你的人物速写练习贴在这里。

人物风格要与场景相适应

出现在场景中的人物必须符合场景的设置背景。有时候，单单站立在场景中面向前方就可以了，但更多的情况是场景中的人物需要做一些有意义的事，比如正在阅读、散步或与别人交谈。例如，购物中心场景图中可能需要有拎着购物袋的人。

用你最喜欢的人物风格在13厘米×20厘米的空白索引卡上画以下类型的人物。

1.一个商人，一只手拎着公文包，另一只手放在口袋里。

2.两个边走路边谈话的女人。

3.一个拿着玩具熊的小孩。

草图笔画要简单、快速、坚定。多加练习，你就会对线条走向和人体比例更有信心。

光头的人。

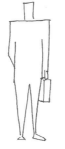

由方块构成的人物。

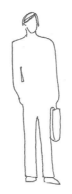

人物侧影轮廓。

记录你的人物速写练习

将你的人物练习索引卡粘贴在此页上。你的绘画风格将随着时间推移逐渐变化，记下今天的状态吧。

最终，你会建立一套自己的人物速写风格，有各种角色和姿态，可以反复应用在草图中，包括如下各项。

1.坐着读书或读报的人。

2.站在柜台边做饭或工作的人。

3.正在走进或走出场景的人。

4.一群站着交谈的人。

5.玩耍的孩子。

请将你的习作贴在这里。

人物的比例恰当

如用人物来增强场景的视觉效果，人物与其他东物体的比例必须得当。在透视场景中，人站得越远，尺寸越小。记住一些基本的透视准则，就很容易实现这一点。

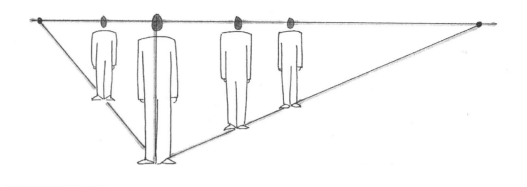

站姿：场景的视平线距地面大约1.5米，请将人物的眼睛置于视平线的高度上。你可以想象这些人站在一个立方体或平面中。请注意，人在同一个空间中距离观察者越远，身材会越小，但如果所有人全部是站立的话，他们的头部会在同一条视平线上。

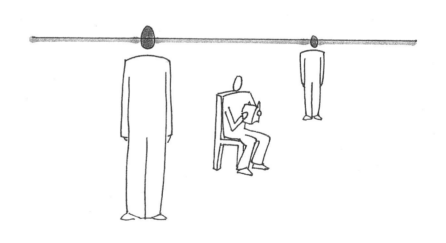

坐姿：请先画出站在视平线正前方的人，场景的视平线距离地面大约1.5米。坐着的人的眼睛会比站立的人实际低0.9米左右，但坐姿的人如果参照灭点，其双脚会像站立的人一样延伸至同一个灭点。

场景中的人物摆放

　　人物是增强场景效果的强大工具。但请你从构图角度来确保人物不会喧宾夺主，分散客户的注意力。这里有一些需要你记住的提示。

　　1.避免将人物放在墙角或其他重要物体前，这只会给你的画面添乱。

　　2.不要在场景中加入过多人物。不然会看起来太过拥挤。反过来，只有孤零零一个人的场景往往会看起来阴沉或空旷。两三个人或极少的人群往往效果良好。

　　3.示例中有两三组人物时，如果各自从事场景的不同活动，效果就会很好。在下一页中，你将练习在这个场景中摆放人物。

这是一个户外聚会空间，一些人物在参与各种活动。人物的位置没有挡住任何主要的墙角或交通要道。本图作者为吉尔·帕布罗。

练习在场景中摆放人物

　　根据上一页的提示，请尝试将人物添加到该场景中。将视平线设置在前景主要地面以上1.5米的高度（想要找到精确的地平线位置，可以跟踪地面上的几条地砖纵向线的延长线，其相交的灭点即为视平线的高度）。

请在本场景中添加符合场景内容的人物。

人物轮廓基础上的提升

快速、传神的人物轮廓可以基本满足草图的需求，并且可以为以后制作更加正式的草图打下基础。虽然本书主要讲述快速绘制草图的方法，但在这里介绍一下怎样在快速绘图的基础上，在描图纸上稍微多花一点时间，画出更完整的人物效果。

到这里，我们就完成了关于人物的附加草图练习章节。希望你能有所收获，知道如何形成自己的人物速写风格。在草图中加入人物不仅会提高草图的专业感，还有助于让他人进一步了解场景的空间尺寸和应用目的。

光头的商人速写，大约花10秒钟完成。

再花一分钟左右的时间可以加上基本的衣服、头发等内容。

该版本仍然是速写风格，但更精致，增加了地面的投影和明暗变化以及更多细节。完成本图总共花费了大约2分钟时间。

在 20厘米×13厘米索引卡上练习上页给出的人物细节图。然后把你的习作贴在这里。

第二部分　中级场景

第6~10章导言

欢迎来到中级场景章节！第6~10章的内容建立在第1~5章练习的基础之上。在开始学习新的部分之前你最好能够熟练掌握第1~5章中讲授的技巧。第6~10章将介绍如何通过线条的轻重运用、物体的对齐和摆放，以及选择和操纵客户的视角来进一步讲解前面提到的草图想法。本章教授的技巧将帮助你让草图看起来更复杂，将草图的表现力提高一个水平，从而让草图得到充分利用，并增强你作为设计师和视觉创作者的可信度。本章还将探讨一些更复杂的场景，如特殊的墙壁和拥有许多细节的厨房等。

这几章的练习目标

通过使用这部分章节的分步练习和对示例草图的反复研习，你将能够快速创建透视草图，实现本页列出的目标。

你要继续反复进行计时练习。通过查看这些练习，你会发现自己的速度和准确性在不断提高。草图绘画也是熟能生巧的活动。让自己的练习充满乐趣，你会更愿意练习。把它想象成一段快乐的未知旅程，而不是为了取胜的艰苦跋涉吧！

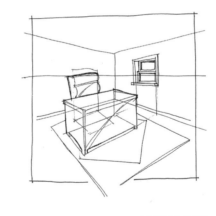

第6章：用不同类型的线条表现边界等，以提升场景效果。

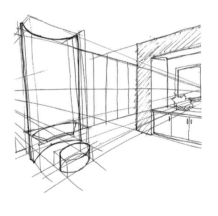

第7章：创建别致的元素，比如曲面墙。

第8章：用多层纸勾画厨房，增加细节并添加适当的附加元素。

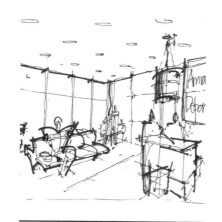

第9章：借助网格将场景中的物体对齐。

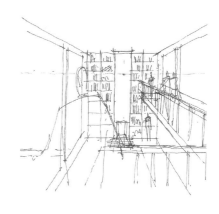

第10章：学习如何绘制带有更多特殊视角的多层空间透视图。

第6章
用线条细节丰富草图效果

概览

在第一个场景中将探索一些能够快速丰富草图效果的简单线条细节的处理办法。这些技巧将使物体看起来更具立体感。本章中你将练习如下内容。

1.充满自信的线条技巧。

2.轮廓线。

3.内部平面线条。

4.为场景内容添加边界线。

线条质量是很重要的一个因素。质量良好的线条细节可以丰富草图效果，而线条细节安排不佳则会使原本很精确的草图看起来不大稳定。

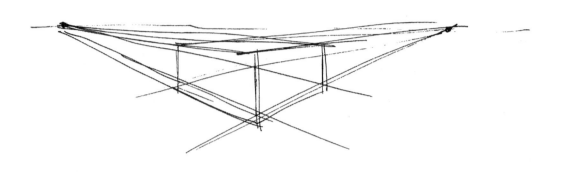

这个立方体的透视正确，但边缘线不够清晰。对于草图的初稿来说，如果不需要进一步细化内容，可能并没有问题。"第二代"和"第三代"草图则通过在描图纸上一层层绘制图层获得更多确定的细节。

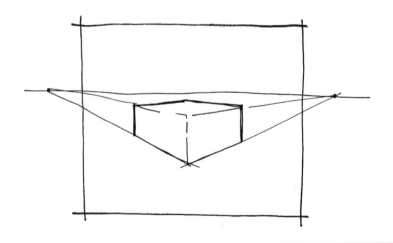

示例中立方体的轮廓线被加粗，令其看起来更加清晰。可以通过在初稿上加一层描图纸，并在描图纸上加强线条的方法来实现这个效果。用这种方式生成的草图被称为"第二代"草图。

绘制自信的线条

即使用"第一代"初稿草图也可以画出较好的线条质量。诀窍是在下笔之前想象一下你要画的那条线，这通常会使画出的线条更加准确。

练习本页的两点透视立方体，尝试用一根连贯的线条画出边缘线。在10厘米×15厘米的空白索引卡上反复练习，直到你在下笔之前仿佛能看到线条在纸上。将你最满意的习作贴在此页的空白区域。

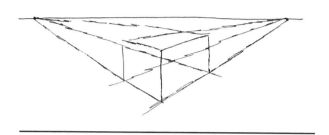

这个立方体看起来很不稳定。线条断断续续，给人犹疑的感觉。立方体边角上的线条应该明确地相交，线条本身的粗细和深浅应该保持均匀。

这个立方体看起来很清晰，它只用了九根线条。艺术家在下笔之前已经胸有成竹。线条在交叉点处汇合甚至重叠。

将你最满意的习作贴在这里。

创建轮廓线

轮廓线有时能让描绘对象看起来更加坚固，有助于强调物体相对其他物体的位置。

轮廓线比图中其他线条更重、更粗。例如，如果使用0.5毫米的笔绘制物体，则轮廓线应用0.7毫米的绘图笔。为了便于读者观察，本示例中的轮廓线的粗度夸张了一点。

绘制轮廓线时可以掌握以下一些规律。

1. 仅用来勾勒物体最外围的轮廓。如果另一个对象位于该对象后面的背景中也可以这样做。问问自己：这条轮廓线能否把物体和周围的区域区分开？

2. 不要用轮廓线加深对象内角的线条（位于对象轮廓内部的线）。

3. 不要用轮廓线加深对象与地面接触的线条。

要谨慎地使用轮廓线，过度使用往往适得其反。轮廓线和其他线的粗细反差很大——线条本身不需要过度强调。

在10厘米×15厘米的空白索引卡上练习右图所示的三个立方体，并为其添加较粗的轮廓线。反复练习，直到线条质量较好，然后在本页贴上你的最佳习作。

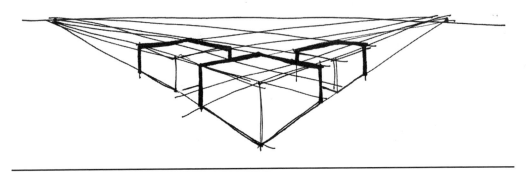

这些立方体的轮廓线的力度看起来有些夸张，这是为了方便让你看到哪里应用了这个技巧。

将你最满意的习作贴在这里。

内部平面线的处理

你可以通过改变内部线条的表达方式丰富草图的内容。勾勒物体内部的线条时不一定要画得非常实。

请看本页给出的示例。内部线条使用的是不规则的、断续的线。这些平面的线不像物体外部的边缘线那么确定和醒目。

在10厘米×15厘米的空白索引卡上练习右图中的立方体，使用不规则的线条使内部平面划分既模糊又复杂。多试几次，直到你画得更有自信，然后将最好的习作贴在本页的空白处。

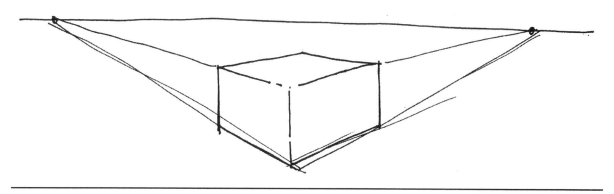

在这个立方体中，使用了不规则的、断续的线来表现物体内部平面线条的变化，使立方体看上去更柔和。

将你最满意的习作贴在这里。

添加边框

　　草图的本质是粗糙的、不精确的。当你想把草图展示给同事或客户的时候，或许会想加点让画面显得更加正式的元素。边框可以为草图增加精致和规整的感觉。

　　边框可以让场景构图看起来更加舒适，请看本页的示例。边框如同画框一样把观众的注意力集中到框中的场景，而不是让观众的目光游离到前景或者画面以外。

　　有关边框绘制的几个提示点如下。

　　1.绘制线条时果断一点，角上的线条要相交或重合。根据画面需要，边框的粗细可以不同。

　　2.边框不一定非得完整地在画面的周围出现，也可以让边框的其中一两条边不完整。

　　边框不会让草图瞬间变得美观或大幅度提升草图质量。但它的确可以为画面增加一些精致的感觉。

　　在10厘米×15厘米的空白索引卡上练习本页的立方体示例，并加上如下内容。

　　1.轮廓线。

　　2.物体内部的断续线。

　　3.边框。

　　记住，立方体与地面接触的线不需要加强，绘制完成后，将你的习作贴在本页空白处。

给这幅草图加上边框后，观众的视线被更好地集中在画面上。作者为吉尔·帕布罗。

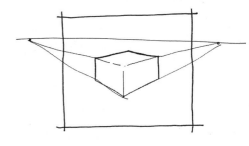

简单的边框在几秒钟内就可以画好，却能让草图的视觉效果得到明显提升。

将你最满意的习作贴在这里。

绘制简单的办公室场景

现在该自己上手练习了。

在本页的平面图和立面图中显示了一个带有办公桌、椅子和一扇窗户的简单办公室场景。如果你对画窗户的方法有些生疏，请回到第4章继续练习。

现在，你将在13厘米×20厘米的索引卡上练习这个场景的两点透视图。

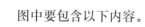 图中要包含以下内容。

1.办公桌和椅子的外缘用轮廓线加强（外缘部分具体指暴露在外边而不是与其他物体接触的外缘）。

2.办公桌的内部线条用断续线表示。

3.给草图加上带有你个人风格的边框线。

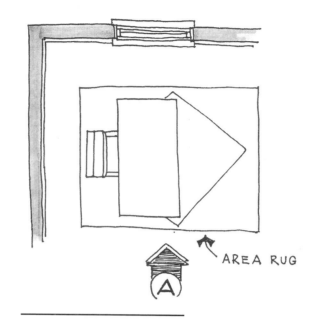

AREA RUG

平面图。

立面图。

办公室场景草图

仔细观察右边的平面图和立面图，想象一下它的两点透视图该怎么画，特别要注意房间的角落位置。

  在用13厘米×20厘米的索引卡画图之前，先做好下面的准备。

1.现在请准备好手机或者其他计时设备，以记录绘制所花费的时间。

2.你马上就要练习这个草图了，注意保持从容的心态，并高效、准确地绘制草图。

3.速写完成后，立即停止计时。记录下练习次数、完成时间和日期，这样你就可以发现随着时间推移，你的绘图质量越来越好，完成时间越来越短。

  记得在场景中加上以下细节。

1.办公桌和椅子的外缘用轮廓线加强（外缘部分具体指暴露在外边而不是与其他物体接触的外缘）。

2.办公桌的内部线条用断续线表示。

3.给草图加上带有你个人风格的边框。

现在开始在索引卡上绘制这幅两点透视图，记下完成的时间和日期，然后翻到下一页。

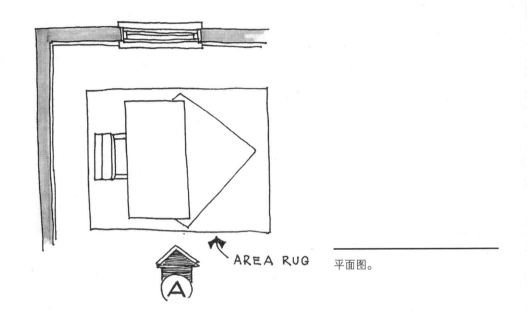

AREA RUG

平面图。

立面图。

一种解决方案

　　将你的习作与本页给出的示例进行比较。

　　然后将习作贴在本页的空白处。

　　或许你没有示例中作者画得那么快，又或许你对自己的草图不大满意。这些都没有关系！唯有通过练习才能提高绘画速度和准确性。仔细观察示例，思考你可以从中借鉴哪些处理方式。要记住，你要有自己的独特绘图风格，不必要求自己和示例画得一模一样。

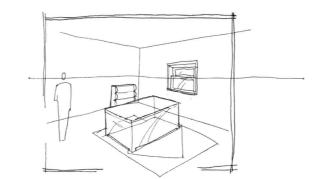

完成本图花费了大约5分钟的时间。

将你最满意的习作贴在这里。

评估自己的进步

现在，你又学会了一些新技巧：使用轮廓线、高质量线条、边框等简单易行的方法来增强草图的效果。

请反复练习这个场景。充分练习会让你的运笔更加自如，速度更快。你可以使用更多的索引卡进行练习，将比较满意的习作贴到上一页。这样你就会发现自己的用时越来越短，准确度随着多次尝试而提高。

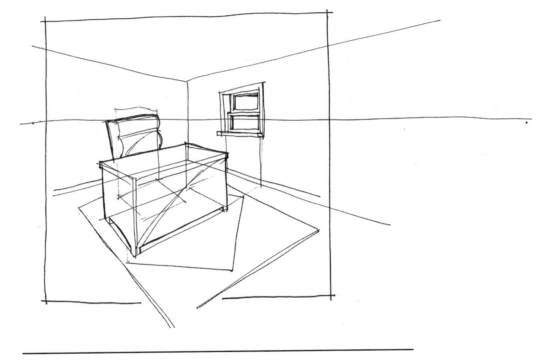

这幅草稿花费作者5分钟左右的时间完成。

第7章
有趣的墙壁

概览

　　或许你觉得室内设计草图中的无装饰基础墙也不错，如果你想再次练习墙壁，请返回到第一部分1~5章的任意部分，并用其中的练习复习这项基本技巧。

　　然而在室内设计中，我们需要探索学习的内容很多。很多设计创意会在墙壁上做文章，例如曲面墙、内陷壁龛式设计或特殊材料的运用等，墙体厚度也可能不同。

　　这部分场景练习向你展示如何创建曲面墙壁。尽管看起来有点复杂，但是如果你把它放在立方体框架内考虑，就容易多了。

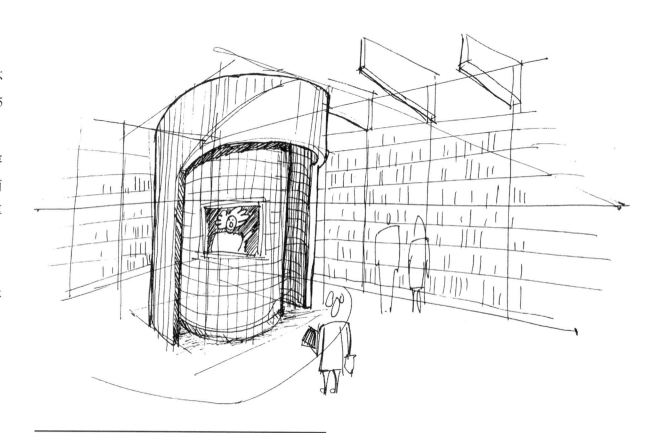

曲面墙会在生活中的很多地方出现，比如这个图书馆内带有显示屏的墙。本图作者吉尔·帕布罗。

热身练习：曲线和角

　　首先我们要进行一个热身练习，画出没有在角落相交的墙的两点透视图。然后我们再尝试绘制曲面墙。在两面不相交的墙的尽头形成一个观察者看不到的通道。这种构造的画法与画两面相交的墙并无太大区别。

　　按照下列步骤，用10厘米×15厘米的索引卡创建两面不相交的墙的场景。

　　1.画出两个灭点、一条视平线、墙体、地面和顶棚。如图所示，现在墙体的线条不必太重。

　　2.在地面上用细线画出一个立方体的底面边缘线，这将是曲面墙的基础。

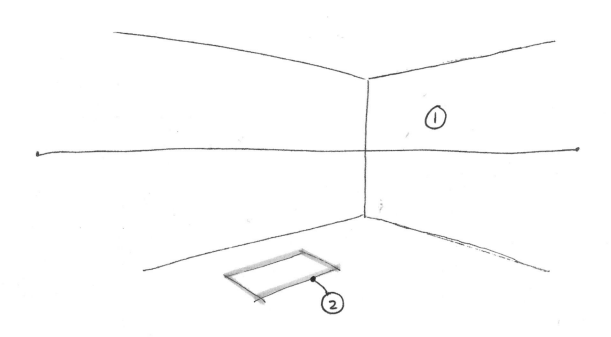

第1步、第2步。

3.现在确定走廊的宽度，并画出一条确定的垂线。然后从右灭点引出直线，画出走廊顶部和地面的横向线条。

4.在左侧利用在第二步绘制的方形底面边缘线建立一个立方体，上部直达顶棚。然后用很轻的线画这个立方体。

你看不到这个立方体的顶面或底面，绘制草图时不必刻意地去强调立方体的轮廓线。

5.内部场景的框架基本上就算完成了，现在强调墙面的色调。

6.在立方体的底面三边和顶面三边上找出中点。上下面上的中点应该是对应的。

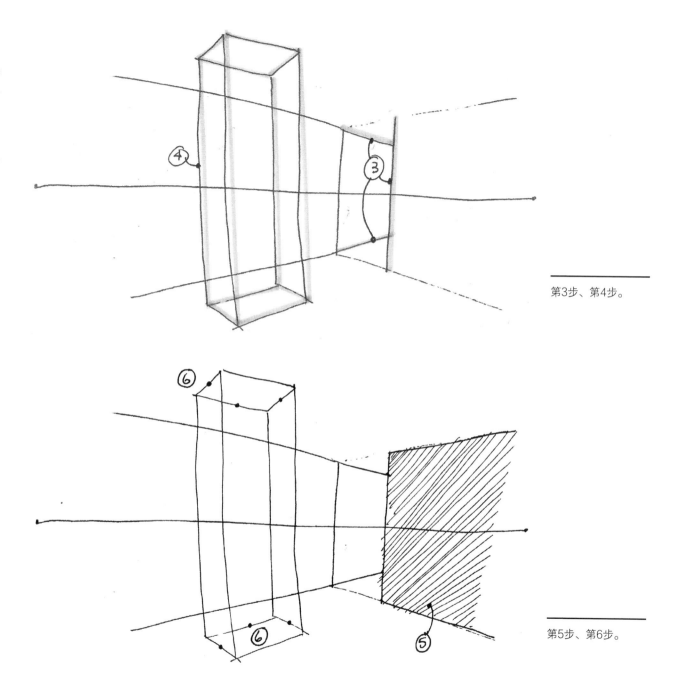

第3步、第4步。

第5步、第6步。

7.如图所示，利用立方体顶面和底面的中点，各画出一条曲线。

8.用垂线分别连接上下两条曲线的端点。

9.增加线条画出曲面墙的厚度。

10.对曲线墙的侧面进行勾勒（如果不知道该如何操作，请返回第6章进行练习）。

现在，带有曲面墙的房间就绘制完成了。将你的习作贴在本页空白处。

将复杂的形状放在立方体中考虑就没那么难画了，立方体会确保物体透视的准确性。

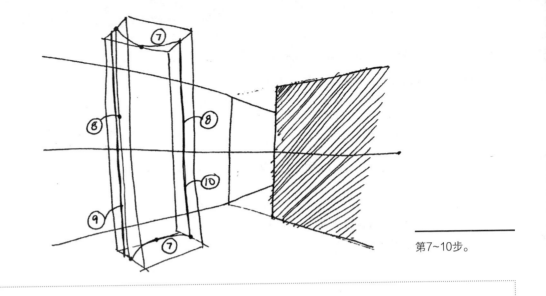

第7~10步。

将你最满意的习作贴在这里。

准备练习

现在你将开始进行练习。仔细观察右边的平面图和立面图。

注意其中的细节。

1.曲面墙上连接着一条长凳。

2.墙体中有个内嵌的台面和底柜。

3.空间中随意摆放的桌子是个椭圆柱体。

　开始画图之前请做下面几件事。

现在准备好手机或其他计时设备，以记录你绘制花费的时间。

练习时注意保持从容的心态，并高效、准确地绘制草图。

在速写完成后，立即停止计时，并记录下练习次数、完成时间和日期。这样你就可以发现随着时间推移，你的绘图质量越来越好，完成时间越来越短。

当你准备好了，就打开下一页开始画图吧！

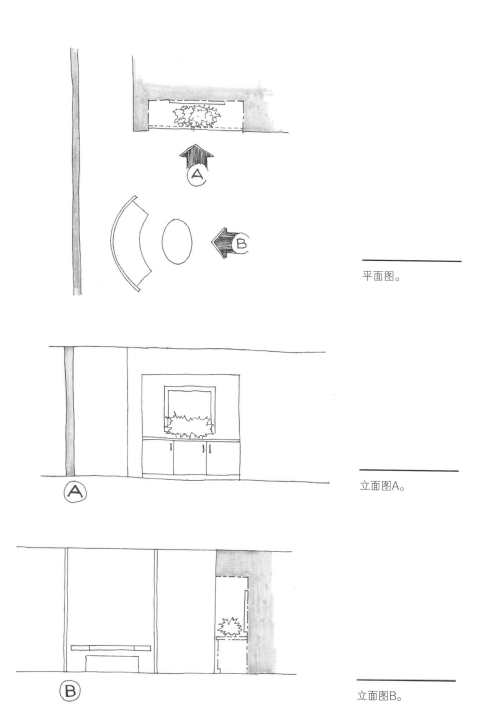

平面图。

立面图A。

立面图B。

准备开始画图

不要因为计时而使自己感到有压力。经过多次计时练习，你才可以比较自己的多幅作品。

 草图中要包括以下4个细节。

1.房间从后边打开。

2.内置式橱柜和放有绿植的台面。

3.带有长凳的曲面墙。

4.桌子。

现在请在13厘米×20厘米的索引卡上进行练习。在小尺幅的图纸上练习，将有助于你更快、更准确地画图。

 做好准备工作后按下秒表，开始速写吧！速写完成后，立即停止计时。记录下练习次数、完成时间和日期。

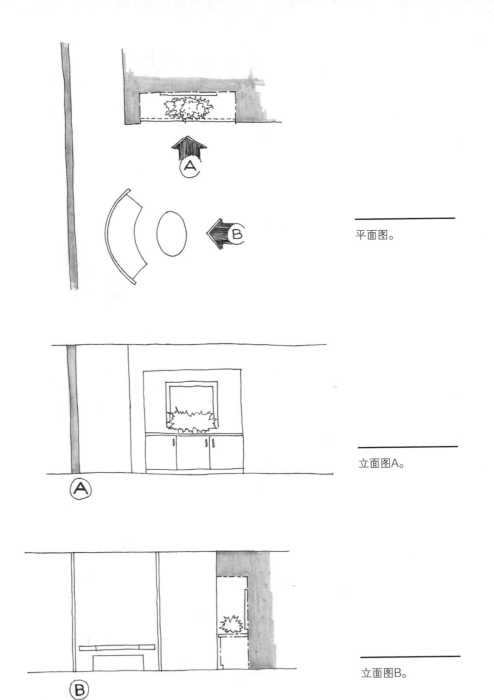

平面图。

立面图A。

立面图B。

一种解决方案

将你的习作贴在本页空白处。

将你的习作与本页的示例进行比较。你的草图会因视平线高度不同，而和示例有所不同。

你要注意：示例中的坐凳是利用高立方体的辅助线绘制完成的，这样就确保了透视的正确性。

轮廓线让画面中的物体从背景中凸显出来，这使得草图的构图形式更加清晰。有时可以不在纸上反复绘制线条，以免留下很多辅助线。

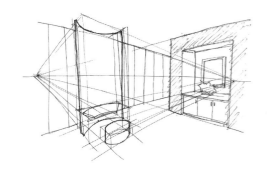

一种可能的解决方案。**本图完成时间约4分钟。**

将你最满意的习作贴在这里。

思考自己的练习作品

在这个场景练习的要求中包括了之前场景练习中的元素。例如，你画的那个壁龛结构像一个非常深的飘窗。如果这种结构的绘制不是你擅长的，请返回第4章再次进行练习。

如果需要向客户和同事介绍不同的设计方案，画出不一样的墙壁是一项非常重要的技能。通过这种方式可以让你更加专业地展示个性化细节，就像图例中具有壁炉设计感的吊柜一样。在工作中，个性化的设计对象会让你如虎添翼。

如果你觉得本章的草图练习不够成功，请花时间反复练习，然后将最满意的习作贴到上一页。只要投入足够多的时间，你的绘图速度必然会变快。在心中打好草稿再落笔，会使你信心倍增。

一个壁炉形式的吊柜的立面图。本图由吉尔·帕布罗绘制，用时大约9分钟。

壁炉形式的吊柜透视图。本图由吉尔·帕布罗绘制，用时大约20分钟的时间。

第8章
厨房

概览

到目前为止,你所练习的内部空间布局都相对简单,画面中只有一张桌子或简单的长凳。然而,在实际情况中,你难免会遇到一些更加复杂的内部空间,比如厨房。本章将请你基于一个常见的厨房平面图,画出包含细节的透视场景图。

这个练习会要求你计时,并通过四个步骤创建你的草图。这种训练能够使你在保持速度的同时,有条理地构建草图场景。

厨房在建筑结构中是个重要的空间,它是人们在家中自然聚集的空间之一,绘制时需要注意很多细节。本图由吉尔·帕布罗绘制。

厨房是个充满生机的、令人兴奋的地方。由于其设施复杂,布置厨房会花费昂贵的成本。本图由吉尔·帕布罗绘制。

创意速写

草图的好处是设身处地为客户考虑，并向客户解释设计思路。草图不是抽象的平面图，而是带有场景感的透视图，在草图讲解的过程中，你甚至还要想象出一些东西来——这才是绘制草图的乐趣所在。

比如，你拿到的初始设计方案只是室内平面布局图，或是简单的俯视图。需要你在这个基础上发挥创意，想象出这个空间立体的样子，以及人们在其中的感受。

请仿照旁边的桌子，用10厘米×15厘米的索引卡画出另外两种你的草图，并把你的习作贴在空白处。

接下来，用四步法开始练习绘制厨房。

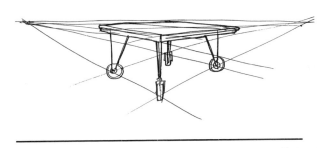

透视图更好地展示了桌子的样式，让观众感受到桌子独特的设计风格。

桌子的平面图或俯视图显然没法传达桌子的设计感。

将你绘制的两张桌子的创意习作贴在这里。

框架

本页将帮助你用四步法画出厨房的场景透视图。

第一步：绘制框架辅助线

随着草图场景变得越来越复杂，有更多的变量需要控制。在集中精力绘制某个细节之前，最好先以两点透视的角度绘制框架辅助线。

建立框架可以让你找到满意的视角，并确定场景元素，如视平线高度和其他要素。框架线要画得轻一些，因为它们只是辅助线。

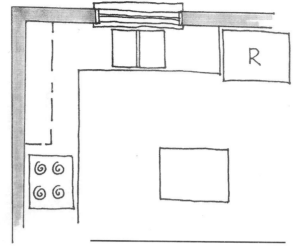

厨房平面图。

接下来，在13厘米×20厘米的索引卡上，通过观察平面图创建基本的框架辅助线。

目标：5分钟之内画完。

用手机定时5分钟，然后开始绘制。在纸的右下角记录下你所用的时间。时间一到就要立刻停止画图。

现在开始吧！

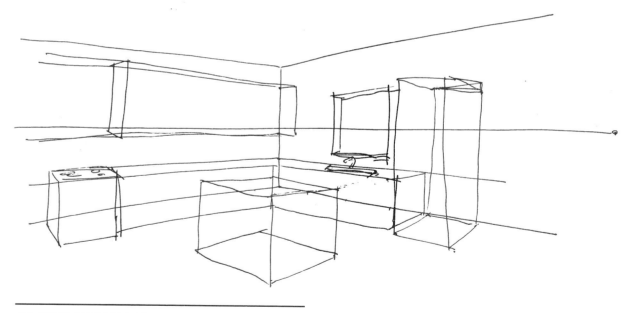

带有框架辅助线的厨房场景透视图。

多层热身练习

从下一页开始，你将结合描图纸，使用自己绘制的框架图来练习如何创建两点透视图。

此过程可以帮助你将速写过程分解为一系列步骤，以便你更好地了解如何改进并提高绘制能力。

你会用到四层描图纸，从基本内容到具体细节进行练习，具体如下。

1.第一层（最底层）是框架（你只需在12厘米×20厘米的索引卡上画框架）。其余的图层则位于该描图纸上，参考这一层描图纸上的线条。

2.第二层画厨房里的大件物品，如柜子、台面、踢脚线、窗户和水槽等。

3.第三层是较小的细节，如配件和照明灯具。

4.最上面一层绘制纹理等增强效果的细节。

你可以用胶带或图钉把这些图层固定到工作台面上，确保它们不会移动。如果你用右手画图，那么请将书放在左侧，并将描图纸放在右侧。如果你用左手画图，请将描图纸放在书的左侧。

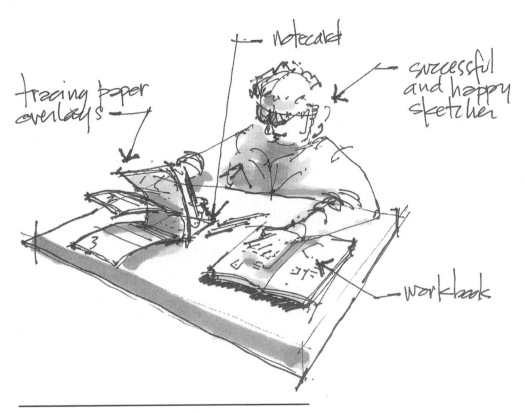

布置好作图的空间环境，让自己感到舒服和方便很重要。如果椅子扶手影响画图，就换张不带扶手的椅子。

建立框架

把一张12厘米×20厘米的索引卡固定在本书旁边的工作台面上，以绘制场景透视图。然后在索引卡的边缘位置用胶带或图钉固定描图纸。你将用框架辅助线作为绘制草图的基础。

第二步：绘制场景的主要内容

1.在底层描图纸上添加第二层描图纸，并用胶带或图钉固定。这是在第二步时添加的图层。这张描图纸至少要和索引卡一样大。

2.这一步需要计时。用计时器设置5分钟的时间。

3.现在勾画出你在示范图上看到的细节，利用框架辅助线创建柜子、门、把手、踢脚线、窗户等。在第二步的绘制过程中可以使用稍重些的线条。画出的厨房风格与示范图不同也没关系。只需要加重那些看得到的轮廓线。时间到了就停止画图。

在描图纸的右下角记录下完成时间。

第二步，在描图纸上画出厨房场景的主要内容。本示范图花费了大约4分钟的时间。

你在5分钟之内没能画完第二步？

如果没有完成也不要担心，因为提升透视图练习的速度是需要时间的。至少在画了一次以后，你有点感觉了。在新的描图纸上再练习一遍第二步的内容，同样限时5分钟。每次练习都在草图中添加一到两个新的细节。反复练习，直到你能够在5分钟之内完成为止。

添加细节

第三步：添加装饰细节

　　1.在之前第二步的基础上加一张描图纸，并将其固定好。如果你觉得有必要，也可以保留底层的描图纸。不要因为计时而感到紧张。经过反复练习后，你一定会越画越快的。

　　2.这一步需要计时。将计时器设置为5分钟。确保启动秒表以限定绘图时间。

　　3.在新的描图纸上画出在示范图中看到的细节，并添加书籍、装饰画、柜台、顶棚、**窗帘**、艺术品或配饰等细节。保持第二步中应用的线宽。

　　如果你画的厨房风格与示范图不同也没关系。不要花费太多时间重画一条线。接下来的步骤还会进一步细化草图，所以不要在这里花过多功夫。5分钟后停止绘图。

　　把你的完成时间写在这张描图纸的右下角。

画有框架辅助线的草图与第二步、第三步的描图纸叠加。作者完成第三步花了大约4分30秒的时间。

你在5分钟之内没能画完第三步？

仍然不要担心。透视图练习提升速度是需要时间的。画了一次以后你至少有点感觉了。在新的描图纸上再练一次第三步，同样限时5分钟。每次练习都在草图上添加一到两个新的细节。可能需要反复练习直到你能够在5分钟之内完成。

最后的步骤

第四步：最后的细节

本页中的示范图显示了绘图的最后一步——完成细节。

1.在此草图中，你将在上一层描图纸的基础上添加细节，以完成整个场景的绘制。

2.在第三步的图上覆盖一张描图纸，将其固定好。

3.这一步需要计时。用计时器设置10分钟的时间。

4.最后，重新描绘出前几个步骤的线，并在这张描图纸上添加一些细节，如地板和墙体纹路等。保持第二步中线的粗细，并重新描绘对最终草图有用的所有线条。即使你绘制的厨房风格与示范图不同也没有关系。当你完成草图后就立即停止画图。

把你的完成时间写在这张描图纸的右下角。

将第三步与第四步的描图纸进行叠加。作者完成本草图第四步花费了大约8分钟的时间。

你在10分钟之内没能画完第四步？

这很正常，不要绝望。通过透视图练习提升速度是需要时间的。在新的描图纸上再练一次，同样限时10分钟。每次练习都在草图上添加一到两个新的细节。反复练习直到你能够在10分钟之内完成。这里的练习对你的职业发展非常重要：它可以帮你将自己的创意快速传达给其他人。

完成的热身练习

现在你已经完成了第8章的第一个草图，不错！第一次画分步草图是最难的。

为了记录下你的进步供以后参考，请将你绘制的4个图层全部贴到此页的空白处。

记录完成时间十分重要，随着不断练习，你会发现你花费的时间不断减少。要知道，在设计行业中时间就是金钱。

将你的4层描图纸习作贴在这里。

厨房速写

现在你已经完成了厨房草图的练习，马上就可以再次基于平面图创建一个厨房的两点透视图了。接下来有三个类似的厨房方案可供你反复练习。每个厨房的绘制要求都有所不同。

你需要在13厘米 × 20厘米的索引卡上完成这三个厨房的草图练习。它们的画图步骤是相同的，都是从框架辅助线到细节的绘制。唯一的区别是你要用一张纸而不是四张描图纸完成它。保持最初的线条，框架线尽量画得轻一些，等确认线的位置后再加重。

你可以自己决定橱柜、门、抽屉和窗户的样式。桌子和椅子也可以自行设计，自行选择使用地板砖还是木地板。

在开始绘制之前先问自己以下几个要点。

1.水槽在哪里?

2.餐桌是什么形状?

3.窗户在哪里?

这次没有立面图来让你参考了。你需要独立思考物体的高度和大小。通常顶棚合理的高度是3米，台面高90厘米。

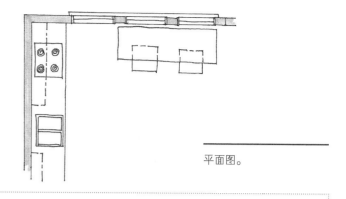

平面图。

把你的热身习作贴在这里。然后进行接下来的练习。

厨房场景1

现在在规定时间内画出这个厨房的草图，用手机设置15分钟的倒计时。

请在13厘米×20厘米的索引卡上画出两点透视的厨房场景图，要记得结合热身练习中用到的四个步骤。

在画图的过程中你可以模拟客户坐在你旁边的场景。客户喜欢看到空间设计图在他们眼前被一点点画出来。如果你有能力做到这一点，就会加深在他们的心目中的印象。你可以在画图过程中想象一边画图一边向客户解释的样子，沉默时间尽量不要超过5秒钟。你可以与客户讨论窗户、饰面、木制品或空间里的任何其他因素。如果有朋友可以帮忙，请他或她提示你不断地讲话。虽然一开始看起来很困难，但这个技巧会让你在讲话的同时还能画得更好、速度更快。

还有一件事：请在餐桌上画上全套的餐具。

准备好后就开始画图吧。把你的完成时间和日期写在这张纸的右下角。

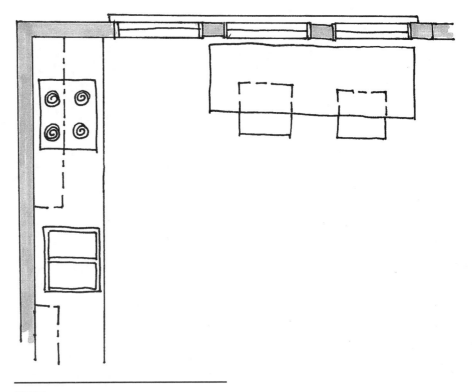

平面图。

厨房场景1的一种解决方案

　　右边是厨房场景1的示范图。餐桌上还摆放了餐具。

　　盘子等细节可以让客户感受到他们与场景的互动，从而更好地理解你的设计。适量的鲜花、葡萄酒等装饰都可以达到不错的效果。

厨房场景1的一种解决方案，本图用时15分钟。

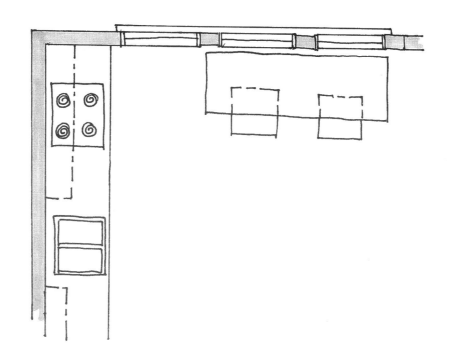

平面图。

记录练习情况

　　将你的习作贴在这里，以记录自己的练习情况。还可以反复练习厨房场景1的两点透视图。把满意的习作贴在这里。

　　在这个练习中增加了一个在绘画时讲话的任务。目的是为了让你在完成两个任务的同时，提高绘画的速度。

　　或许仅经过一两次的练习还看不到效果。但是勤加练习，画图就会成为你的下意识动作，你一定能做到在流畅地讲解内容的同时画出令人信服的效果图。

　　如果你对自己的习作感到满意的话，请进行下一个场景的练习。

　　如果你对自己的表现不甚满意，可以用本章的其他厨房场景进行反复练习，厨房的样式可以稍做变化。

本场景的解决方案之一。绘制本图用时15分钟。

将你的习作贴在这里。

厨房场景2

 现在计时画出这个厨房的草图。将手机计时设置为15分钟。然后启动计时器。然后在13厘米×20厘米的索引卡上画出两点透视的厨房场景图，要记得结合热身练习中用的四个步骤。

保持最初的线条，将框架线画得轻一些，等确认线的位置后再加重。

还有一件事：请在餐桌上方加两个玻璃吊灯。

如果你不想看到下页的范例，可以在下页盖上一张纸。

 准备好后就开始计时。看看自己能否在保证画面准确性的情况下比之前画得更快。把你的完成时间和日期写在这张纸的右下角。

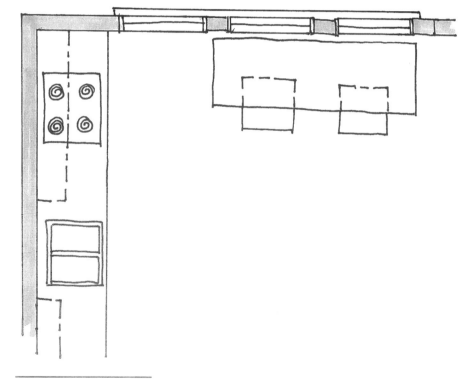

平面图。

厨房场景2的一种解决方案

本页是厨房场景2的一种解决方案，在餐桌上方加了两个玻璃吊灯。

灯具、木制装饰、窗饰等元素可以让空间看起来更加人性化，并有效地将你的设计推销给客户。你要创造的是一个需要人们体验的空间，应该向使用者展示各种可能性。

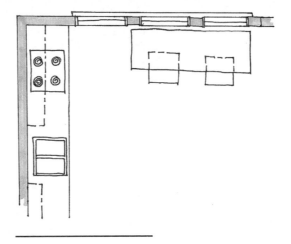

平面图。

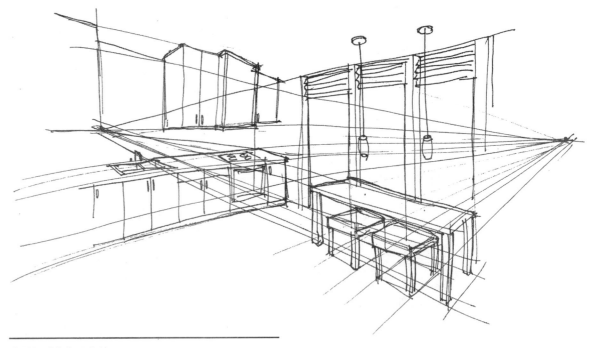

本图用时大约13分钟。

另一种尝试

将你的习作贴在这里，并记录自己的完成情况。你还可以反复练习厨房2的场景，然后把满意的习作贴在空白处。

在这个练习中给你增加了任务量。这样可以帮助你同时完成多个任务，训练你的绘图速度和下意识画图的能力。这种技能将让你显得十分专业，并给客户留下深刻印象。

如果你对自己的习作感到满意，就请翻开下一页，进行下一个场景练习吧！

如果你对自己的表现感到不是很满意，可以利用本章的其他厨房场景进行反复练习，厨房场景也可以稍做变化。

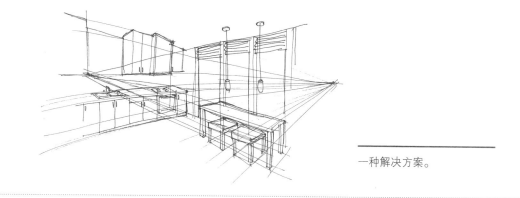

一种解决方案。

将你的习作贴在这里。

厨房场景3

现在就开始计时,画出这个厨房的草图吧!将秒表设置为15分钟,然后在13厘米×20厘米的索引卡上画出两点透视的厨房场景图,要记得结合热身练习中用到的四个步骤。

和刚开始画线条一样,把框架线画得轻一些,在确认好线的位置后再加重。

可以将场景中的柜子、椅子或厨房里的其他元素画成你喜欢的样式。

 还有一件事:请在本图的水槽上方加一扇窗户。

 做好准备工作后就开始计时画图。看看自己是否能够**保持准确性并提高绘画速度**,然后把你的完成时间和日期写在这张纸的右下角。

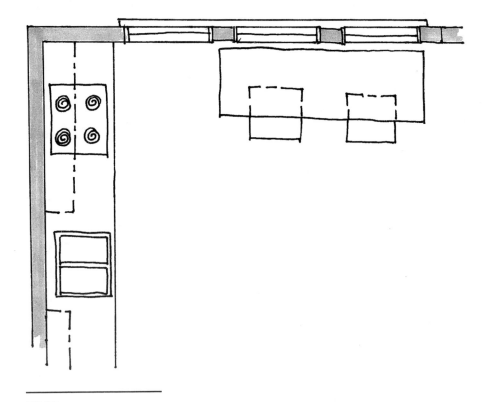

平面图。

厨房场景3的一种解决方案

　　这是厨房场景3的一种解决方案。水槽上方按客户要求增加了一扇窗户。

　　如果只是按照你熟悉的风格绘制厨房的家具，客户未必会感到满意。你可以试着绘制不同风格的厨房内饰，如新古典风格，后现代风格等，以适应不同的情况和客户要求。

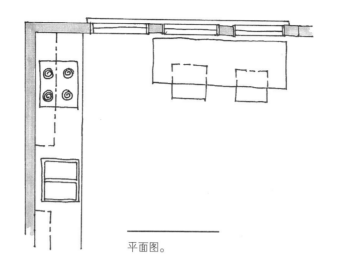

平面图。

多种解决方案之一。绘制本图用时12分钟。

练习有趣的细节

　　将你的习作贴在本页，记录自己练习的情况。有些设计师的专长是厨卫设计，厨卫空间的内容和细节都十分丰富，设计的空间很大。客户会对手绘的设计图非常感兴趣，并且会觉得他们的家庭空间得到了设计师的关注。

　　如果你对自己的进步感到满意，就请继续阅读下一章。如果有任何不满意的地方，请继续反复练习前几页的厨房场景，或者根据需要在厨房中添加自己定制的细节。兴趣是持续练习的动力。而且随着你能力的提高，绘图过程就会变得越有趣。

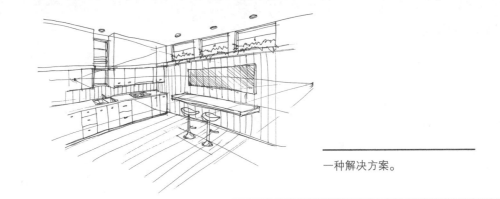

一种解决方案。

将你的习作贴在这里。

第9章
对齐参照点

概览

通常来说，场景中出现的对象都需要对齐。掌握这个技巧将帮助你更容易地绘制正确的透视图。

将参照点进行对齐可让你快速确定透视的方向和物体之间的位置。你可以想象纸上的图案是由对齐线构成的网格，空间中的所有元素都在这个网格之中，它们的位置会更容易（更快）被确定。在复杂的场景中利用这些参照点可以让你很快地创建基本框架。然后你就可以在新的描图纸上快速地画出更多细节。

建筑博物馆展览概念草图。本图作者为吉姆·道金斯。

框架

本页平面图中的场景是机场候机区的一个小区域。场景中会设有很多座位、柜台、窗户、门等元素，都可以作为参照来找准对齐关系，因此机场场景是练习的绝佳空间。

本基础场景由窗墙、混凝土墙面、售票柜台、乘客座位和通往大道的门组成。右边是平面图和立面图。请花几分钟时间来分析对齐情况，包括如下各项。

1.窗框与座位、售票柜台对齐。

2.嵌入灯与窗户、墙板的中心线对齐。

3.墙板与售票柜台、座位对齐。

结合前面章节讨论的建立草图框架辅助线的规律，你将在接下来的几页中为这个场景空间和场景元素创建框架辅助线。

练习中，你将利用框架辅助线来确定总体透视方向并确保场景中有足够的背景、中景和前景空间来展示设计想法。请牢记，最开始画线时要轻一些，因为它们只是描图时的辅助线。

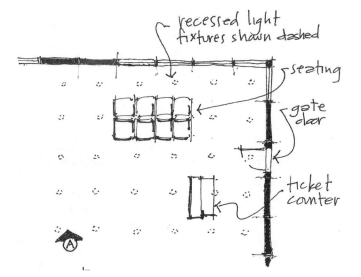

平面图。

立面图。

多层描图热身练习

从下一页开始，你将使用分层描图纸创作草图。此过程可帮助你将速写过程分解为一系列步骤，以便更好地了解如何改进并获得较好的练习效果。

在这个练习中，你将使用两层描图纸来练习从基础到细节的内容。

1.你的第一张草图将在10厘米×15厘米的空白索引卡上完成，内容主要是勾勒建筑物和主体结构的线条。

2.在第一层描图纸上画出候机区域中较大的物品，如座椅、售票柜台和照明设备。

3.在第二层描图纸上详细描绘座位的样式、售票柜台的形状、台面及其正面的设计、带行李的人物，以及空间中各个物品表面的纹理等细节。

将索引卡和描图纸粘贴到工作台上，并在顶部将其固定，确保它们不会在绘画时错位。如果你使用右手作画，那么请将书放在左侧，并将描图纸放在右侧。如果你用左手作画，请将描图纸放在书的左侧。

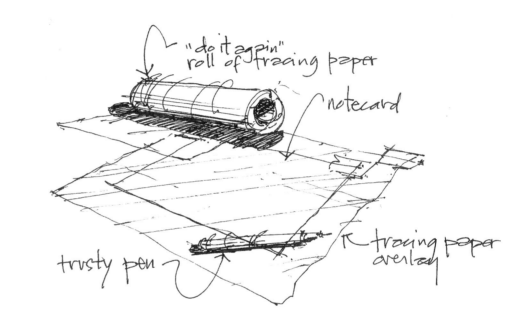

"do it again"
roll of tracing paper
notecard
trusty pen
tracing paper overlay

将工作台面上布置得舒服一些，这会对你的速写状态产生巨大影响。

构建框架

 首先我们进行一个简单的练习，熟悉并建立本场景的框架。场景主要包括以下元素。

1.窗墙。

2.水泥墙。

3.售票柜台。

4.座椅。

5.吸顶灯。

第一步：创建框架

 在10厘米×15厘米的索引卡上按照以下步骤绘制框架辅助线。目标用时5分钟以内。

用手机设置5分钟的倒计时，然后开始画图。

1.这个场景的景深较长，视平线的位置要略高于水平中线，灭点设置在纸张较远的左右两边。这样才能确保前景中的物体不会过度变形。

2.两面墙相交处的垂直线将用来确立顶高（请将其画在画面中心稍靠右的位置）。和前面的练习一样，确立高度的线大约是整个图纸高度的三分之一。

3.利用灭点和垂线的两端建立地面、墙壁和顶棚。

4.估算出几扇1.2米宽的玻璃墙的位置，试着用X估算法来估计宽度。然后画一个人形作为高度和宽度的参照。

提示

可以在水泥墙面上画些用来和玻璃墙相区别的点。这个步骤可以让你的注意力集中在空间的深度和物体的对齐上。

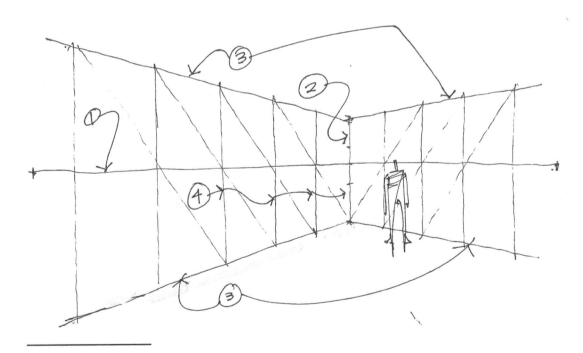

第1~4步。

继续完善结构框架，直到足够支持在这个框架的基础上开发细节的程度。

5.根据在平面图和立面图中观察到的，在地面和顶棚上画一些平行的浅线。

6.在画面中加一些表现窗墙宽和高的线，然后加强水泥墙的边缘线，并画上登机门。参照平面图，确定哪面墙是水泥墙、哪面墙是玻璃墙。

7.用横向浅线将水泥墙分成三等份。

检查框架的准确性、自身比例和与场景的比例、在景深中的长度等是否正确。如果没有问题，就可以进入描图纸步骤，创建更多但仍然属于中度的场景细节。另外，如果构图不是很好（特别是在前景没有留出足够的空间的话），最好重新创建新的框架。每次在绘制更加完善的框架时都可以在某些点上有所变化，同时确立共同点或基准点，这样可以探索更多设计思路。这个框架是你和教授、同事或客户商定方案的基础。在这张草图的基础之上你们可以讨论各自的想法，而不必每次都要重新再画一遍。

此外，你可以将框架当作类似在CAD中作图的文件备份副本，可以删除最新添加的一些元素，重新设计细节，而不必从头开始画图。

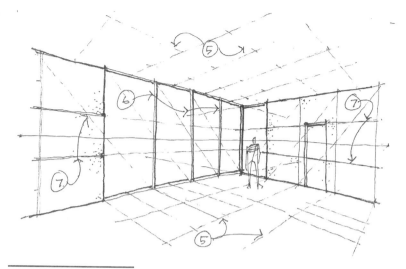

第5~7步。

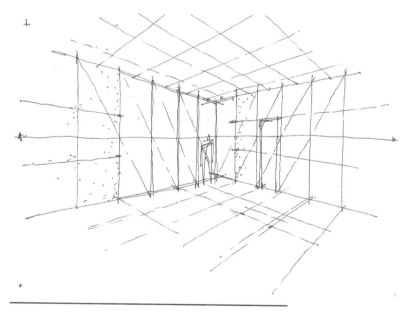

这个框架图完成时间约为4分21秒。注意它和本页上图的区别。它们之间有何差异？你的框架图与这两幅图比较有何不同？

建立正确的场景框架图，然后用描图纸覆在上边反复尝试设计（而不是不断地重新绘制），是为客户提供快速解决方案的关键。速度提高了，就可以进一步提高质量和尝试更多解决方案。

制作草图

现在你已经画好了登机区场景的框架，可以开始按照客户要求添加家具和设备了，比如座椅、照明灯和售票柜台。要记得随时比对和对齐参照点。只要框架中的参照点透视正确，后面的绘图过程就会非常顺利。

现在设置5分钟的倒计时，来画出这个场景。然后把你的完成时间和日期写在这张纸的右下角。

第二步：描绘场景中的主要特征

继续在索引卡上附上一层描图纸。请把索引卡固定到台面上，然后将描图纸覆盖在上面，固定好。准备好后，快速完成以下操作。

8.利用与水泥墙和窗中心对齐的辅助线，将嵌入式吸顶灯添加到顶棚。请记住，吸顶灯的形状为椭圆形，并且是线性排列的，从背景到前景，灯具应绘制得越来越大。

9.创建座位和售票柜台的框架辅助线。想象一下它们被运送到现场时，装在一个立方体的箱子中。

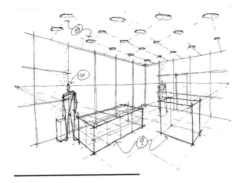

第8~10步。

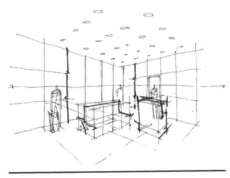

这张覆盖图用时4分11秒。注意它和下方描图纸的区别。它们有何差异？你画的框架图与这两幅图相比有何不同？

10.在联排座位的末端添加人形用来确认前景中的场景比例。继续添加行李以增加场景的真实感。

在描图纸上画出物体的细节，可以在描图纸上的框架中根据需要添加或去除线条。只需要重新绘制那些可见的物体框架线。根据需要安排线的粗细以区分比较复杂的线条的功能。5分钟一到就停止画图。

提示

确保吸顶灯都位于同一个水平面上，并从左向右对齐，这样才不会使顶棚看起来是个曲面。请注意，吸顶灯是参照透视线绘制，线性排列在整个平面上的（请见下图）。

这个经验是非常有用的。掌握了这个方法，就可以消除场景中扭曲的平面，并提高绘图的速度，让你有更多的时间向客户说明你的设计思路。

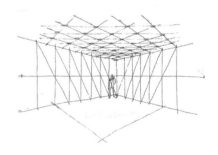

机场候机区1

画完场景主要组件，现在可以继续完成场景中的更多细节。在这个图层中，通过柜台顶部边缘和正面的样式、水泥墙的纹理、座椅的形状和材质，以及地板纹理等来更详细地说明你的设计思路，很好地表现其中的物体。

 现在设置5分钟的倒计时，来画出这个场景。然后把你的完成时间和日期写在这张纸的右下角。

第三步：完成草图

在上一张描图纸的基础上覆盖一层新的描图纸，然后按照下列步骤画图。

11.利用墙面、视平线、人形等为参照，画出座位的垂线和水平线。

12.用同样的方法画出售票柜台，然后按照正确的比例画一个工作人员的人形。

13.在墙面、地面、边缘、座椅、柜台和其他元素的轮廓边缘适当地勾画出轮廓线。

在叠加的描图纸上绘制在这里看到的细节，可以添加或修改上一个叠加层中的线条和形状，重新绘制那些可见的框架线。使用粗细不同的线条，为场景透视图带来变化感和趣味性。5分钟后立即停止画图。将此草图标记为"版本1"。

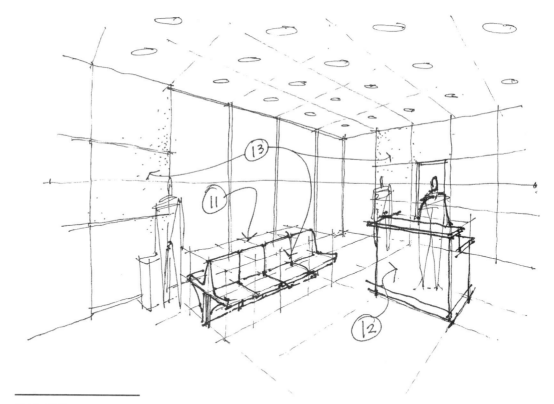

第11~13步。

机场候机区1的一种解决方案

本页内容是其中一种解决方案，包括了机场候机区的基本特征。它可能看起来和你画的草图不一样，毕竟真实高度线的设置及灭点位置的画法因人而异，导致场景的效果表现不尽相同。但你所绘制的场景中所有元素的透视都要正确。

在下一页贴上你的习作并比较二者。仔细检查你的草图。

1.是否做到简单明了？

2.如果有些物体的透视或比例看起来不太正确，请花点时间尝试分析问题所在。例如，相对于人物，座位是否太小了？场景元素是否遵循了对齐关系？

在此场景中练习的对齐关系在第3章的内容基础上有所扩展。请如后页所显示的，反复练习该场景。在场景中多做些变化让它变得更有趣。这些练习会帮你提高速度。尝试用比上次更短的时间完成，哪怕缩短15秒也可以。或者在相同的时间内添加更多细节。

这张示范图用时5分26秒。作者第2次练习时将速度提高到了4分57秒，不过座椅画小了，所以还要继续练习。

评估自己的习作

将你的习作贴在这里。

机场候机区2

现在进入设计师的角色，尽情发挥你的创意，设计机场候机区吧！用与之前相同的基本场景和对象创建一幅候机区草图，但是和前一张草图相比有几处变化。用先前完成的框架作为基础，并使用相同数量的描图纸完善草图。可参考本页提供的平面图和立面图。

 在这个版本里，你的客户提出了在平面图和立面图中没有体现的两个要求。

1.删掉左侧的四个座位，改为一些较低的植物。

2.在售票柜台上方加一个悬顶，上面写有登机门的号码（B04），这个悬顶与下面的元素平行。

（1）售票柜台的正面。

（2）门的左侧。

（3）水泥墙的最上面三分之一部分。

 开始画图之前做下面两件事。

1.用手机或计时器为自己计时。

2.高效画图，不要为了提高速度而降低准确率。

3.每幅图画完时记录下完成时间和日期。这样你可以更好地观察自己的进步。

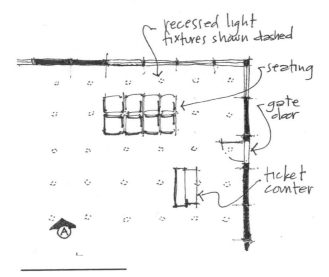

recessed light fixtures shown dashed

seating

gate door

ticket counter

平面图。

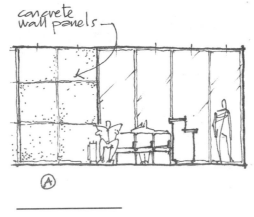

concrete wall panels

立面图。

不要忘记随时调整草图中线条的粗细。有时候随时修改比等到最后再调整效率更高。但你可能会发现，先在场景框架内建立新元素，然后再修改线条粗细，这样做效率会更高。轮廓线可以提高草图的可读性、场景的深度，并使其在视觉上更吸引人。无论你是如何，以及在何时考虑线条粗细的问题，基本原则是不要让这件事影响到你的构图过程，例如不会因对明暗、光线、轻重、薄厚的处理分散你的注意力而导致速度变慢。

有用提示

 不要忘了用窗框和水泥墙板来帮你调整和构建新的元素。用轻线画出它们的范围（想想以前给出的提示，想清楚如何画出它们的形式），然后再回过头来完善细节。

机场候机区2 的一种解决方案

以下是包含了客户新要求的解决方案。再重申一遍，由于艺术家的个人风格（线的粗细、拐角交叉点的处理方式等）不同，草图看上去会有所不同。但请仔细观察所有元素的基本透视是否正确。

将你的习作贴在本页示范图下面，并进行比较。

请记住，只进行一次练习是不会立刻提升你的速度和绘图水准的。只有经常练习才能使你进步。更重要的是，你可以看到自己在速度和准确度上的进步，以及在更短时间内添加更多细节的能力——这些细节在你还未动笔前就已经浮现在脑海中了。

然而，有时候即使经过多次努力，似乎也没有画得更快或更准。没关系，我们都会遇到这种情况。也许只是今天画得不顺，想法还不太清楚，或是没有特别好的感觉，那就休息一下再继续画吧。重要的是要接着画，如果拖延着不画，并不能让你画得更好。

继续反复练习，用描图纸反复创建草图，注明练习的日期和时间。然后将你的习作粘贴到本页的空白区域。

一种可能的解决方案。完成本图用时9分5秒。

将你的习作贴在这里。

机场候机区3

客户总是有不同的想法。现在你要在原始框架的基础上重新做一份草图。采用与之前相同的空间和对象创建候机区的基本结构，但有几处细节与前两个草图不同。本页右侧提供了平面图和立面图供你参考。

在这个版本中，客户要求你加上三个在平面图和立面图中没有表现出的元素。

1.在场景最左侧的水泥墙上添加一个适合站立高度的电脑工作台，并在上面放上艺术品。

2.在售票柜台后面的墙上添加一个抵达/离港显示牌，以便查看航班状态。

3.在售票柜台上方加一个装饰灯。

开始画图之前做下面几件事。

1.用手机或计时器为自己计时。

2.以舒适而高效的方式画图，不要为了追求速度而降低准确率。

3.记录下每张描图纸的完成时间和日期。这样你可以更好地看到自己的进步。

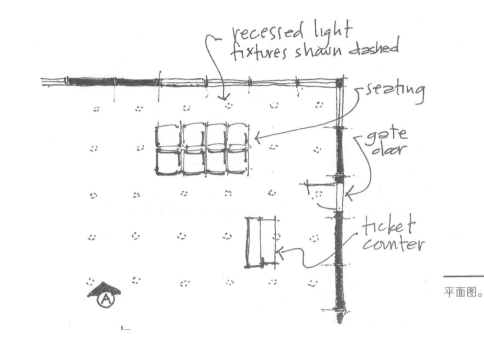

recessed light fixtures shown dashed

seating

gate door

ticket counter

平面图。

concrete wall panels

立面图。

机场候机区3的一种解决方案

　　本页的解决方案包含了客户的最新指令。每个人的草图风格都会因为线条轻重、构图、比例等因素而看起来有所不同。请务必确保在草图中加入客户要求的内容。

　　现在，将你的作品贴在示范图下面并进行比较。

　　这个场景就练习到这里，或许你已经能够很流畅地运笔，甚至可以下意识地绘制基本框架了。你是否注意到自己现在已经不需要太关注如何去搭建框架，而是更愿意花时间去关心客户的新要求了？

　　你可以反复练习这个场景。请一位同事给你提出各种细节变化上的新要求，这样会让练习变得更有趣。场景中不断出现新鲜内容，想法不断变化，加上反复练习可以帮助你建立信心，让你的画图速度可以跟上自己的设计思维速度。

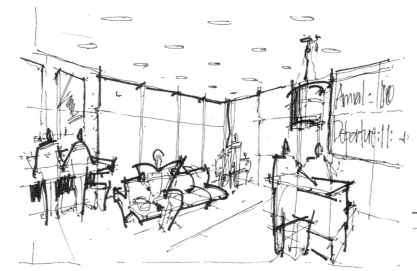

一种可能的解决方案。本图用时8分32秒。

请将习作贴在这里。

第10章
视角

概览

到目前为止，你所练习的室内空间的顶棚都是一般的高度。但在现实生活中，有些空间的层高特别高，或是有多个内层。这种空间画起来更有意思。你可以把视角设置在自己喜欢的高度上，并俯视整个空间。

在本场景的练习中，将教你如何调整视角位置。

一个大堂楼梯习作。作者吉姆·道金斯。

要点

首先，我们要学习如何在一个两点透视的草图框架中设置俯视的视角。

草图中的视平线与图中二楼的人眼高度持平。注意创建框架的一些要点，且在本章场景练习中要牢记这些要点。

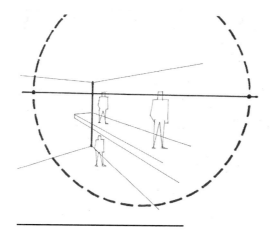

视觉范围。

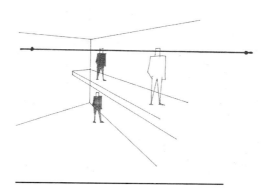

二楼的人眼位置处于同一条水平线上。

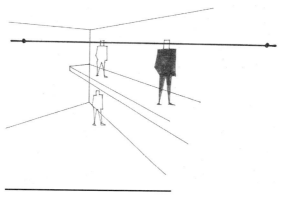

前景中的参照人形和视平线。

在视平线下方创建一个后角垂直线（场景后方的墙壁交界点）。要注意视锥的大小。这个概念在介绍技能检查的章节中已经讨论过，这里再介绍一下供你参考。

二楼的人眼高度与视平线对齐，而站在一楼的人远低于视平线。请注意，远处两个人的大小和高度大致相同，因为它们与观看者的距离相同。

站在二楼靠近观看者的人眼位置同样在视平线上，但他的身材应该更高大。

避免变形

在具有多层高度和深度的场景中创建两点透视图时，应将物体保持在一个称为"视锥"的假想圆内。这样画中的物体才不会变形。

请牢记以下两件事，以尽量避免变形问题。

1.将灭点的距离拉开。

2.根据灭点的位置绘制后壁的垂线高度。这将出现更多处于视野内的地板和顶棚空间。

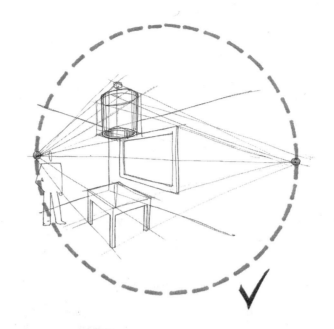

在这张场景草图中，所有的物体都被纳入到假想的视锥之中，因此，场景中的物体形状看起来都十分正常。

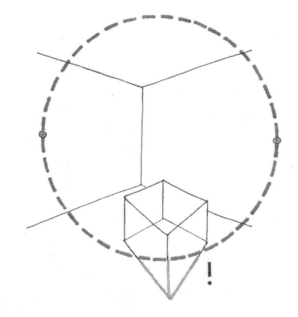

这个立方体一部分处于视锥之外，因此看起来有些变形。

热身练习

现在我们开始进行热身练习。首先,我们在简单的一点透视场景中加入人物,以便确立场景的比例关系。人物还可以用来定义构图中的前景、中景和背景区域的深度。

现在开始画图。

请注意后墙上视平线的位置。

1.学习上图的绘制方式,在下图中利用灭点将人物添加到场景中,要注意人物近大远小的规律。从靠近后墙的人物开始画起,这样可以方便你正确地评估人物的大小。各个层面上的人眼位置应保持一致,坐着的人视线高度要比站立的人低。

2.在距离你非常近的地方绘制一个站立的观察者的人形(这种放置方法比较少见),绘图的方法是一样的。他的眼睛位置仍处于视平线高度,我们从他的肩膀上方俯视空间场景。请大致估计这个观察者的图形大小(可以借助二层护栏的高度来考虑,护栏的高度为1米)。当然,你看不到这个观察者的全部身体,因为他距离我们太近了。

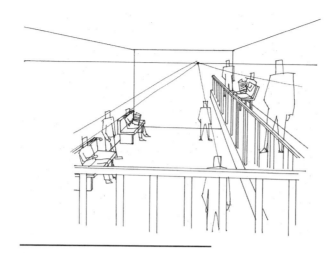

在具有高度和深度的场景中添加人形。

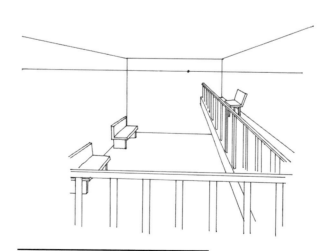

在场景的后景、中景和前景中创建比例人物。

提示

请记住,参考人眼的位置总是在视平线上。如果人物和观察者站在同一平面上,那么你和该人物及这个平面上的其他人物的视线都应该处于同一条视平线上。这是为在一点透视图或两点透视图中确定灭点建立的地平线。

位于草图上方或下方的人物各自有他们的视平线。通常包括坐下的人、楼下或楼上的人、在楼梯或坡道上的人、儿童和宠物等。这些人物的视平线将消失在由我们的视平线所确立的一个或两个灭点上。

重要的是,每一组人物的眼睛都处于共同的视平线上(参见左边的例子)。坐下来的人眼睛高度处于同一条视平线上,站立的人也有一条共同的视平线……请牢记,灭点和视平线都是与确立它们的参照人物相关联的。

速写专家通常会利用边框或前景人物来强化场景的景深感。

人们喜欢神秘感！如果观众从某个神秘人的背后窥视一个空间，或者透过树叶观察一个场景，会让人们感到更有趣。

佛罗里达州立大学威廉·约翰斯顿楼。作者为吉姆·道金斯。

绘制开阔的图书馆空间

现在，你将练习如何创建一个一点透视图。这是一个层高较高的图书馆空间，你作为观察者和画图者，位于较高的俯视位置，俯瞰较低层的地板和标志着地板区域的地毯（请参阅本页和下页的平面图和立面图）。这里所绘的平面图标出了一个非常接近画图者视角的观察者（假想你处于这个人身后1米左右，眼前看到的是对面墙上的书架）。利用这个观察者设置前景边框。

虽然场景中有很多书，但是不要太在意书的细节（参考你在第2章中练习过的技巧）。只需要表现出有很多书的印象即可。

和前面的章节一样，本场景将要求你提供几种设计方案，并在纸上记录你的创作时间。开始练习之前，我们首先从基本空间框架的绘制开始。请记住，即使场景变得越来越复杂，仍然要提高绘画速度。依靠前几章中练习的技巧快速构建出框架，然后根据客户的特定要求进行多层描图纸练习。

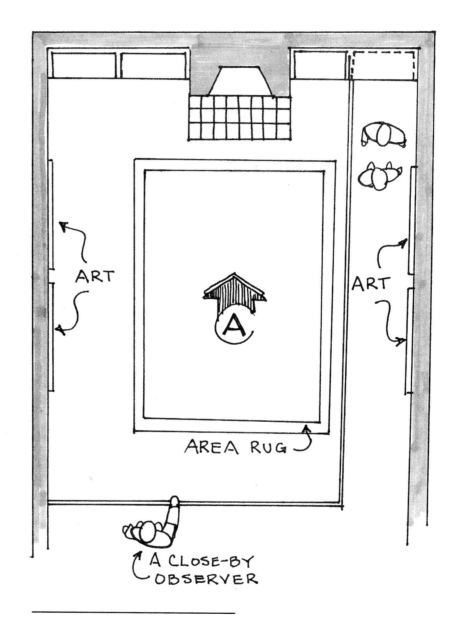

平面图。

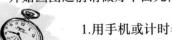

以下是一些可以帮助你建立场景的建议（已在平面图中标注出来）。

1.创建一个两层的空间。你可以自己定义具体的层高和宽度，但根据索引卡大小（10厘米×15厘米），我们从接近1∶1的高度与宽度比开始。例如每层从地面到顶棚是25厘米，阳台的厚度为30厘米。那么整体高度大约为6.4米，宽度大约为6.1米。

2.在后壁上设计一个铺满墙壁的书柜，以及贯穿整个空间的壁炉和烟囱。

3.在壁炉前的地面上加一块大地毯，与壁炉对齐。

4.在阳台上增加12.8米高的护栏。请记住护栏的基本安全要求，同时也让护栏有一定的视觉透明度。

5.分别在左、右侧的墙面上添加一些大型画作。

开始画图之前请做好下面几件事。

1.用手机或计时器为自己计时。

2.以高效的速度在13厘米×20厘米的索引卡上画图，不要为了追求速度而忽略准确性。

3.练习完成后，立即停止计时，并记录下完成时间和日期。这样你可以更好地观察到自己的进步，并发现自己的绘图水平随着时间的推移变得越来越高、绘图速度越来越快。

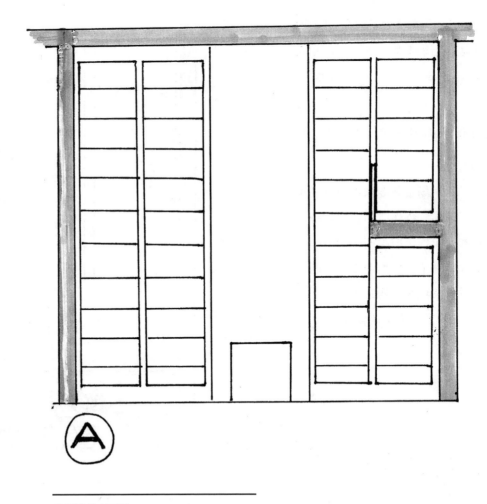

书架墙的立面图。

一种解决方案

这里是图书馆基本空间结构的一种解决方案的示例图。请记住，由于设计师的个人风格（线条粗细、构图、比例等）不同，草图效果看上去会略有不同。但请仔细观察所有元素的透视是否正确。

每当你重复一个练习都会让自己的速度变得更快、线条更加流畅。成功的诀窍是刻意练习和目标导向型的练习。我们的目标就是在速写的同时传达设计思维，并不断提高速度和准确性。

用索引卡进行反复练习并记下完成时间和日期。要和自己竞赛，找到需要较少细节的元素及提高速度的方法。检查自己的握笔方式是否有助于让你流畅地画出辅助线条？将你以前的习作贴到下页上，然后做两件事。

1. 寻找线条、形状和造型的创作规律。

2. 让尽量缩短完成的时间成为一种乐趣，哪怕只是缩短几秒钟。

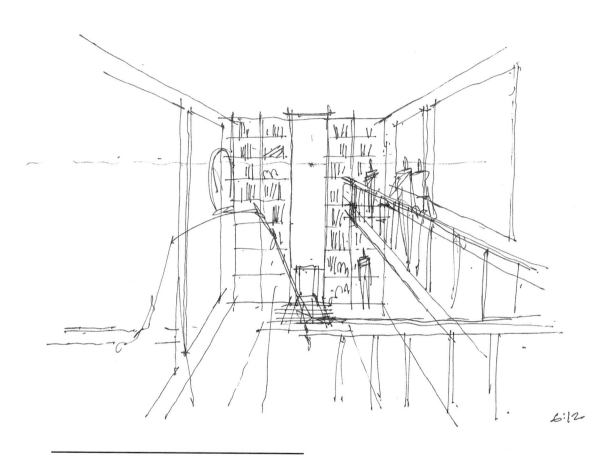

一种解决方案，完成时间为6分12秒。

分析与反思

将你的习作贴到本页的空白处，并将其与示例图进行比较。找出你的草图与示例图的不同之处。不必关注绘画风格，主要关注在本章探讨的构图技巧、准确性和速度的提升。你画的速度有多快？如果比示例图速度慢，那么在哪里可以改进提高？观察一下，示例图中作者在哪里画的速度很快，又在哪里放慢了速度来调整细节？

将你的习作贴在这里。

图书馆1

利用本页给出的平面图和立面图创建图书馆空间，在相同的空间和主要物体中画上几处与之前不同的细节。

 在这个版本中，客户要求你加上几个在平面图和立面图中没有的细节。

1.在壁炉的两侧画上两个带软垫的大椅子。至少画出一个坐在上面读书的人形。

2. 在顶棚加一些与壁炉方向垂直的梁，用壁炉和书架的横向线条作为平行对齐参照。试试2.5厘米×2.5厘米的顶梁。

这部分的重点是提高绘画速度（因为这里绘制的已经是重复的内容了）。只有这样，你才能有足够的时间去创建新的元素。记住，我们的目标不是单纯地画图，而是要在绘制草图框架的同时进行设计思维的训练。

开始画图之前做下面几件事。

1.用计时器为自己计时。

2.以高效的速度在索引卡上画图，不要为了速度而忽略准确性。

现在，在13厘米×20厘米的索引卡上画这幅一点透视图吧！

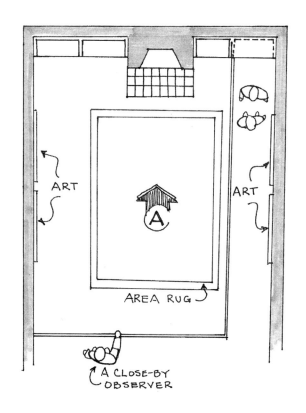

平面图。

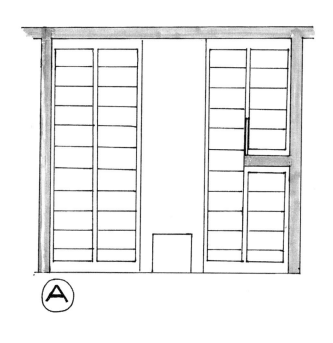

书架墙的立面图。

图书馆1的一种解决方案

这是解决方案的示例图。在图中，作者添加了客户要求的软垫椅子和顶棚横梁。请记住，每个人的草图风格都会因为线条轻重、构图、比例等因素而看起来有所不同。最重要的是请务必确保在草图中加入客户要求的内容，并且仔细观察是否所有元素的透视都是正确的。添加座椅虽然很费时间，但由于椅子距离观察者较远，因此不必绘制很多细节。

每次重复练习一个场景都会帮助你提高绘图速度，让线条变得更加流畅。只有一遍又一遍地重复练习，你才能发现某些通用的绘画笔触，才能找到更高效的运用纸、笔的方法和手部动作，对于整体造型和局部细节才能做出更好的取舍。这需要时间和耐心，你要学会容忍自己的错误并始终期待成功。

在转到下一个场景之前，请用索引卡反复练习此场景。然后在习作上记录下你的完成时间和日期，并拿示范图与自己的草图进行比较。每次练习都要找到可以提升绘画速度的改进办法。最后将你的习作贴到下页的空白处。你会发现自己所花费的时间正在逐渐缩短，准确性正在提高，也就越来越有信心了。

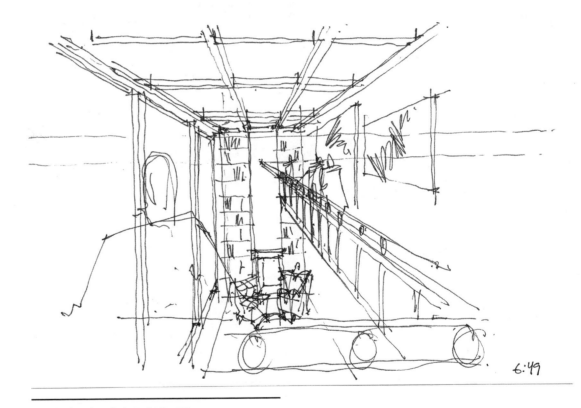

一种解决方案。作者用时6分49秒。

分析与反思：图书馆1

将你的习作贴到此页的空白处，并与上一页给出的示例图进行比较。观察你的草图与示例图的不同之处，反复练习变化视角的方法、集中精力观察如何将新的元素添加到场景中去。你的总体时间是增加了、保持不变，还是减少了？画基本空间布局图的时候，也许比最初的速度快，但当添加椅子和横梁时速度会变慢。别担心，这可能意味着你在花更多的时间思考而不是画图。这是个很好的进步，说明你正在提高速度，缩小画图和设计思维反应之间的速度差。

将你的习作贴在这里。

图书馆2

利用本页提供的平面图和立面图创建图书馆空间，在相同的空间和主要物体中画上几处与方案1不同的细节。

 在这个版本的场景中，客户要求你加上几个没有体现在平面图和立面图中的细节。

1.在壁炉左侧加上一个可以移动的图书馆梯子，还有一个人正站在梯子上取一本书。这个元素有助于增加空间的体量感。

2. 将左边墙上的画作改为两个从地面到顶棚的落地窗。在窗的远端画一个向外观望的人。

这里的重点是绘画提高速度（因为绘制的已经是重复的内容了）。这样你才能有足够的时间去创建新的元素。同时你要对自己有信心，并足够大胆，且注重效率。你画出的线条会反映出你的内心！

 在开始画图之前请准备好下面几件事。

1.用手机或计时器为自己计时。

2.以高效的速度在索引卡上画图，不要为了速度而忽略准确性。

3.绘制完成后请立即停止秒表，记录下完成时间和日期。这样你可以更好地观察到自己的进步，并发现自己的绘图水平随着时间的推移变得越来越高、绘图速度越来越快。

现在，在13厘米×20厘米的索引卡上画这幅一点透视图吧！

平面图。

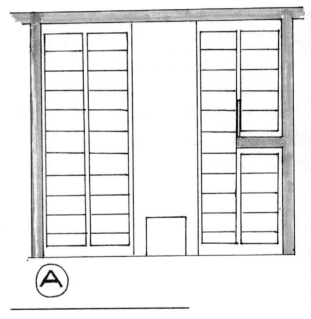

书架墙的立面图。

图书馆2的一种解决方案

这是解决方案的示例图，加上了可以移动的图书馆梯子和一个站在梯子上取书阅读的人。请注意，把这个方案草图与上一个版本的示例图进行比较（它们的作者是同一个人）。笔画的运用哪里类似？作者在哪里画得很快，哪里放慢了速度？

至于你自己画的草图，首先你要确保所有元素的透视都是正确的。像图书馆梯子这样的元素可能是你在画图之前没有想到的、很好的补充细节。

我们不厌其烦地强调反复练习。但反复练习是要有目的的，而不是机械重复。规律、刻意地反复练习将帮助你确定在什么样的情况下可以利用快速草图来支持设计思维的推演。

在进行下一个场景练习之前，请反复练习此草图。然后记录下完成时间和日期，并将这些草图进行对比。每次尝试都要找到可以加快速度的改进办法。最后将你的习作贴到下页的空白处。你很有可能会发现自己的完成时间在缩短，准确度在提高，信心也就越来越足了。

解决方案 2。用时6分13秒。

分析与思考: 图书馆2

　　将你的习作贴到此页，并与前页给出的示例进行比较。观察你的草图与示例有何不同。也许你画的透视框架（后墙、角线和灭点）有所改变，这会使视图看起来与上一版有很大不同。这可能是因为你提高了速度，但希望你能以更强的准确性和一致性复制基本框架部分，以便在相同的背景下创作和评估新的设计元素。

将你的习作贴在这里。

图书馆3

你可能已经注意到，场景练习的难度越来越大了，每次都比上一次更具挑战性。如果你对自己的表现感到失望，那就在继续学习下一个场景之前反复练习前面的项目。如果你对自己的进步感到满意（要诚实地审视自己哦！），那就继续练习第三个场景版本。

用本页提供的平面图和立面图创建相同空间的草图，加上前两个版本中没有的元素。

 在这个版本里，我们要体现地板和壁炉的纹理和图案。以下是你的客户要求加入的三个新元素。

1.在中央地毯下面画上木地板。这样可以丰富场景效果，也能让图画显得更精致（如果你设计的图书馆恰好位于产林木的地区，那么还能增加一些定制的感觉）。

2.在壁炉上增加石头垒起的样式。你可以自己设计壁炉上方和基座的石头样式。

3.在壁炉边增加一个坐着的人形，别忘了在阳台上也加入人形。

这里的重点同样是提高速度（因为绘制的已经是重复的内容了）。这样你才能有足够的时间去创建新的元素。同时你要对自己有信心，并足够大胆，且注重效率。请把注意力集中在要表现的纹理和图案上，想象它们在场景中的感觉！要注意图中物品的比例，例如壁炉上的石头或地板的单块面积不要过大。

开始画图之前做下面几件事。

 1.用手机或计时器为自己计时。

2.以高效的速度在索引卡上画图，不要为了速度而忽略准确性。

3.完成后，立即停止秒表，记录下完成时间和日期。这样你可以更好地观察自己的进步，并发现自己随着时间的推移变得越来越好、越来越快。

现在，在13厘米×20厘米的索引卡上画这幅一点透视图吧！

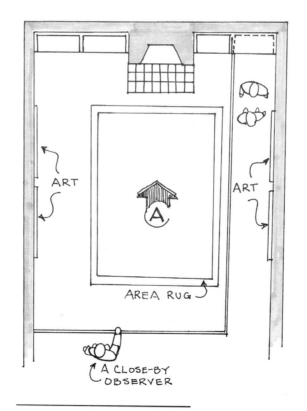

平面图。

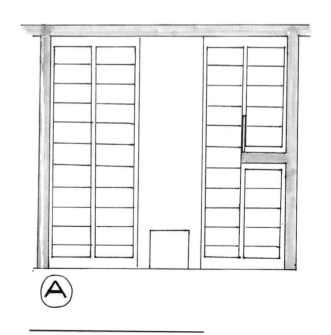

书架墙的立面图。

图书馆3的一种解决方案

　　本页是一个解决方案的示例图。空间饰面按照客户的要求添加了细节和图案。检查这些图案相对整个空间的比例是否正确。你认为作者在哪部分画得较快，碎石图案部分会画得很快吗？

　　至于你自己的习作，首先要确保所有元素的透视都是正确的。石头或其他表面的细节是对壁炉很好的补充，形成了自然的视觉焦点。这对于草图的构图是有影响的。一点透视图通常适用于聚焦注意力。在较高的空间中，垂直元素（如壁炉和带碎石图案的烟道）可以帮助观察者感受空间的体量和装饰风格。

　　在前面已经讲过，无目的的机械重复只是浪费时间。你的反复练习要以提高绘图速度和准确度为目标，实现"平行"画画和思考的能力。

　　在继续阅读下一章节之前，请反复练习该草图。尝试将前面提到过的客户要求结合起来，比如在大窗户的图书馆中添加移动梯子。还可以用其他元素创建自己的场景。不要忘记添加参考人形。

　　请记录下完成时间和日期，并与自己之前的作品进行比较。你要在所进行的每一次尝试中找到可以加快速度的改进办法。将你的习作贴到下一页上。希望你能很快地享受到提高速写速度和准确度的乐趣。

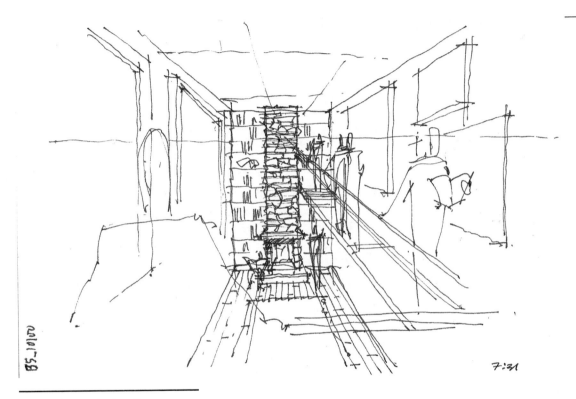

解决方案3。用时7分31秒。

分析与思考：图书馆3

将你的习作贴到本页的空白处，并与解决方案进行比较。你的视角演绎效果如何？添加元素的要求是否影响到你对场景框架或构图的创建？如果是的话，那就太棒了！如果不是也没有关系！想法的核心是要意识到自己在基本的项目场景空间中真正想要传达的东西，如材质、纹理、图案。请记住，判断速写内容是否准确，通常是将其放在整体场景结构中进行评估的。

将你的习作贴在这里。

附加草图练习

草图中的植物和自然环境

欢迎来到附加草图练习单元。在本单元我们将练习在草图中添加树木、灌木、地形和其他元素。植物和人物一样是场景中包含的真实元素，可以让你创建的场景更真实、亲切。和之前其他元素的练习一样，你将练习开发自己独特的表现风格。本章节的目标是帮助你以自己的风格创作这些元素。

包括室内设计在内的建筑设计通常非常平直，大部分元素都是由直边和直角构成的（部分原因是平面和直角的建造成本低于曲面或不规则的构造）。在这种情况下，植物和树木能够为场景增添让人放松的视觉效果。众所周知，人们通常更喜欢带有自然景观或自然元素的环境。出于这个原因，能够在设计草图中恰到好处地添加植物、花卉等元素就显得非常重要了。

右图是佛罗里达州立大学室内建筑设计系学生艾米丽·海因斯（Emily Haynes）设计的住宅露台草图。请注意作者是如何利用植被与远处建筑物相结合来装饰空间，并建立更为理想的场景效果的。如果没有这些自然元素，很难想象这个空间能对人产生这么大的吸引力。

用植物装饰的住宅露台空间。作者是佛罗里达州立大学室内建筑设计系学生艾米丽·海因斯。

成功描绘自然环境的关键

乍看之下，画植被似乎很费功夫，事实却并非如此！实际上，植物和树木往往比建筑更容易画，因为其线条是比较随意的。人们对植物的形状和样式的要求不像对建筑物那么苛刻。

如果你已经能够做到以下几点，那么就可以开始在透视图中练习设计植物和花卉等自然元素了。

1.能够快速、果断地画出线条。

2.熟练运用各种线型，并成功地画出一种纹理图案。

3.在由这些线型组成的场景中设计带有自然元素的场景。

这幅眺望窗外的场景创造了房间的空间感。注意窗外场景的视平线应和整个场景的透视视平线保持一致。

第一组：纹理线型

如果能用流畅的线型画出一种纹理，那么就离成功绘制令人信服的植物不远了。但是植物的轮廓很少是规则的直线或曲线。大多数灌木、花朵和地形都可以通过一些基本的线型手法来完成。此处用的线型是锯齿状的，可以用来描绘树冠部分的轮廓。如果你能自信且快速地画出这样的线条，就可以顺利地开始练习画植物了。

在示例图中可以看到五种不同的线条样式，全部用同样粗细的笔画出。请在空白的13厘米×20厘米的索引卡上练习这五种线条的画法。要反复练习这些线条，直到能够自信且快速地将它们画出来。请注意不要涂抹线条，因为这会让草图看起来很乱。即使画错了也没有关系，只需在"错误"的线条上或旁边继续画。在下页的空白处贴上你的习作来记录练习情况。请尽可能地多做练习！

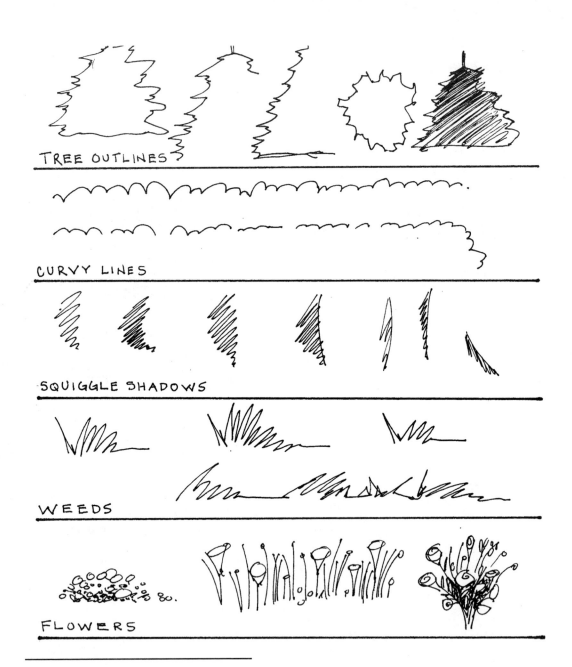

熟练掌握构建植物的五种基本线条样式。

记录你的植物样式练习：第一组

将你的植物样式练习贴到此页的空白处。你的草图风格肯定会随着时间的推移而有所变化。这只是记录你今天的练习情况。

最终，你会建立自己的植物画法风格，然后可以不假思索地运用在草图表达中。你会熟练地画出以下内容。

1.有各种类型植物的较大绿地场景，如象耳类植物、榕树或花卉。

2.各种样式的花瓶。

3.各种各样的"窗外"绿植集合。

将你的植物样式习作贴在这里。

第二组：线条样式

　　这里是另外五种植物样式。因为树木看起来不是完全一样的，落叶树（如橡树）和常绿树（如松树）有着完全不同的画法。"薯片"样式比较适合表现落叶树的树冠，如橡树、山毛榉树和枫树。它们的叶子通常是中等大小。当你练习"薯片"样式的叶子时，可以练习各种形状，并通过分层实现不同的线条密度和深浅度，从而表现出树冠的明暗关系。

　　"尖叶"画法适用于道格拉斯冷杉和经典的圣诞树等针叶树。这些树的叶片通常更尖。尖尖的叶子可以单独绘制或者成簇绘制，通过簇的多少来表现密度和明暗。

　　在树干的造型中可以利用前一页介绍的扭结阴影的线型样式。

　　在13厘米×20厘米的索引卡上练习这五种样式。反复练习，直到你能自信且快速地画出这些样式。你的线条颜色应该足够深，笔触要坚定。然后在下页的空白处贴上你的习作来记录练习情况。如果能多练几张就更棒了！想成功绘制植物线条可能要多花些时间，你要允许自己慢慢进步。

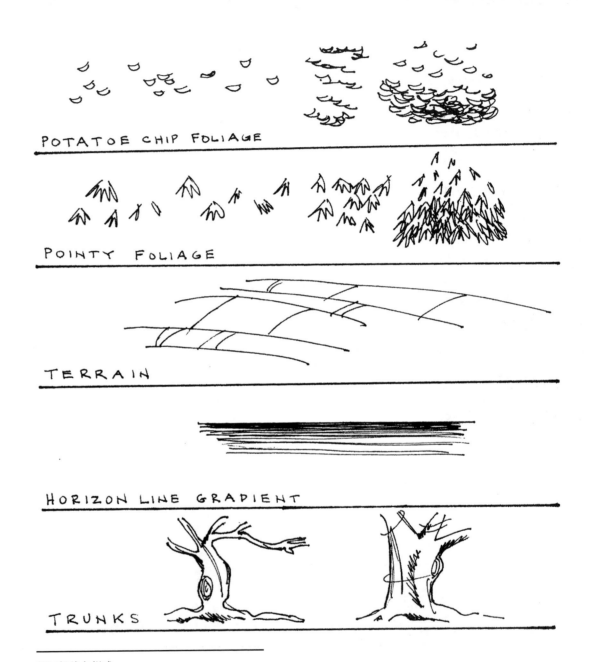

第二组线条样式。

记录你的植物样式练习：第二组

将你的五种植物样式习作卡片贴到此页的空白处，以记录自己的练习情况。五年以后，当你偶然翻开这本书时，肯定会说："看，我以前画成这样，现在画得已经好多了！"当然，另一种情况是你在这五年里没怎么继续练习，那时你同样可以说："从前我能画成这样，现在也一定可以再捡起来。"

将你的第二组植物样式习作贴在这里。

树木

现在你掌握了十种不同的植物样式的画法，不妨用其中一些来练练手，将它们结合起来以创建更复杂的元素，比如一整棵树。这棵树会用到下面几种样式。

1.地面的草。

2.树干。

3.树干上扭曲的阴影。

4.尖叶型的树冠。

重要提示：请注意，整个树冠由尖叶型的线条构成（所有树叶都聚集在一起）。由于太阳通常处于树的上方，所以树顶的光线比较强。这里就用到了通过尖叶样式的线条的多少来表现明暗和光线密度的技巧。

现在请在13厘米×20厘米的索引卡上练习画一棵树。用尖叶样式的线条（你也可以画"薯片"式的阔叶树种），通过稀疏或密集的排列方式来表现树冠上光线的方向和明暗，比如留白多的地方是树冠光线较亮的部分。这样你不仅可以节省时间，还可以通过明暗对比让场景看起来更丰富。最后请在下页的空白处贴上自己的习作以记录练习情况。如果能反复练习，多画几棵树，你就会看到自己的进步！

夏天的树。

记录你的树木练习情况

请把你的习作贴在此页的空白处，以记录练习情况。过一段时间再回来看这幅图，你会觉得很有意思。回顾你的练习有时能让你更容易发现问题和可以改进的地方。例如，从浅到深的过渡是否自然？扭曲的阴影对树干造型有影响吗？线条颜色是否足够深？

将你的习作贴在这里。

室外场景

这些线型样式的另一个用法是综合表现一般的室外场景。例如，从窗口或门廊看到的情景。

请仔细观察这个室外场景，思考其中运用的线型样式。

1.树的剪影。

2.弯曲的线条。

3.杂草。

4.地平线的渐变。

5.地形。

现在请在13厘米×20厘米的索引卡上用这五种线型练习画室外场景。可以按照你的喜好进行发挥，反复练习，直到画出质量较好的线条。请注意，你可以加深树的暗度以表示它位于后方。请确保表现树阴影部分的线不要超出树的轮廓线，以免分散视觉上的注意力，以防分散观看者的注意力。

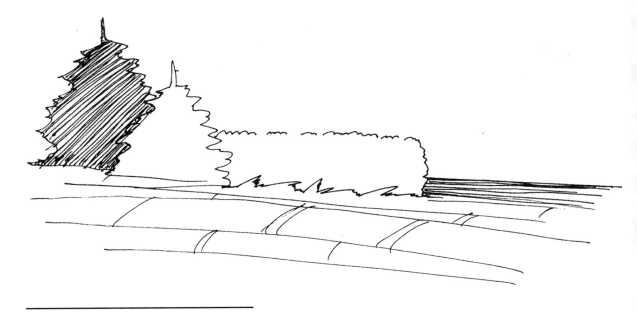

室外场景各种元素的表现手法。

请记录你的室外场景练习

请将你的室外场景习作贴到此页，然后记录下自己的练习情况。如果你的线条很浅，可能是因为笔画过快，可以尝试使用更粗的水笔。通常室外场景看起来很远，所以线条不应太重。无论室外景观元素是处于前景、中景还是背景中，都不要让它喧宾夺主。

将你的室外场景习作贴在这里。

草图中的自然景物

表现花朵、地形和类似元素的线条形态是松散或集中的。其中有些线条是曲折的，充满弹性和紧张感；有些是平静的、水平分布的；有些则或轻或重地聚集在一起。大自然充满无限变化，与人造建筑大量的规律线条形成鲜明对比。

当你意识到人造线条、平面与自然界的线条、平面有明显的不同，以及人们很喜欢看到两种类型的结合时，就不难理解为什么建筑设计对大自然这么依赖了。这仿佛是通过刻意的对比让大自然成就人类的建筑。因此，自然界的元素不仅仅是不错的装饰要素，它还让整个图景变得完整，并且让建筑设计空间达到了它的目的！

各种线型样式结合：有树的室外风景。

第三部分 高级场景

第11~15章导言

读到这里，你已经来到本书的高级场景部分。在第1~10章中学习到的技巧将是你学习后面这些章节的基础。例如，到这里你应该已经熟悉各种线条的应用、各种简单形状物体的构建，能够充满信心、基本准确地画出楼梯、有设计感的顶棚和家具等物品。在最后的这些章节里，前面打下的基础将帮助你添加重要的细节，如表现层次感的阴影、强调重点和对比的明暗安排，以及有效提升草图效果的更为复杂的元素。在最后一章中，你将有机会将前面场景练习中学到的技能融会贯通。

这几个章节也是最有趣的练习部分。你会更自由地将自己的创意设计体现在场景中！你将在飞快下笔的同时构思并表达设计创意——这是草图创作的灵魂。这项能力将令你受益匪浅。它将帮助你更好地参与，甚至领导设计项目的创意决策过程。你将能够掌控设计的前进方向，最终完成解决方案并管理未来项目的进化过程。

这几章的练习目标

通过在这些章节的内容指导下进行分步练习和研习示范草图，并反复绘制章节中的场景练习，你将能够快速创建透视草图并实现本页列出的目标。

我们会要求你反复练习，并给自己计时。记录下每次练习的时间和日期，你会观察到绘图速度和准确性的提升。下面几章中的情景练习会比前面的章节花费更多时间，因为一方面场景变得更复杂了，另一方面是你需要自己进行细节设计。

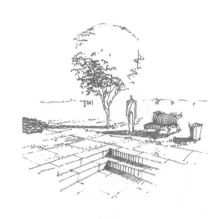

第11章：在草图中快速、有效地添加色调、明暗和阴影。

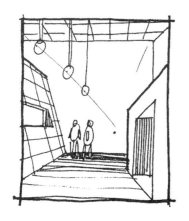

第12章：用缩略草图帮助你设计透视场景构图。

第13章：通过对比来增强草图画面的边界感和构图。

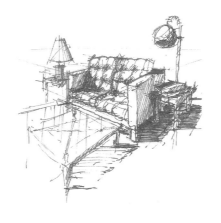

第14章：在透视物体的基础上正确地表现材料质感。

第15章：综合运用在前面章节中所学到的技巧，重新练习前面画过的场景。

第11章
在草图上添加色调、明暗和投影

概览

    欢迎来到本章。从本章开始，我们将练习高级场景，在这里，你将学到更多关于速写的技巧。本章强调如何提升草图的吸引力。有时这项工作需要几分钟（或更多时间）才能完成。这个强大的工具可以将草图转换为向客户演示的简便效果图。

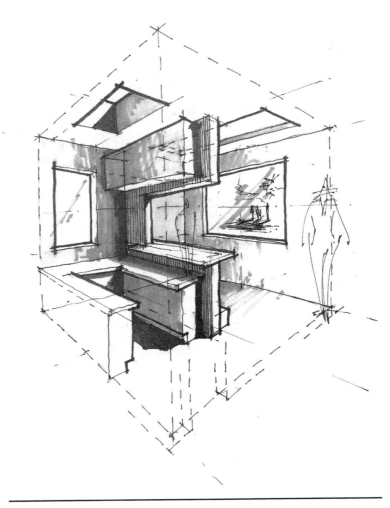

厨房场景的色调、明暗和阴影练习。作者为吉姆·道金斯。

要点

本章将与你一起探讨如何在场景中快速添加色调、明暗和阴影。我相信你一直致力于让场景看起来更立体。有效地运用色调、明暗和阴影将有助于在客户面前实现这一重要目标。

本章将利用水笔而不是使用灰度马克笔或铅笔来实现这些效果。在添加色调、明暗和阴影时，用不同粗细的水笔将有助于提高效率。你可以使用一支细/中度的水笔（例如Pilot V5）和一支较粗的水笔（例如Pentel Sign Pen或Sharpie）。在第13章中，你将学习在草图中使用灰度马克笔快速地呈现色调、明暗和阴影，以增强画面的对比效果。

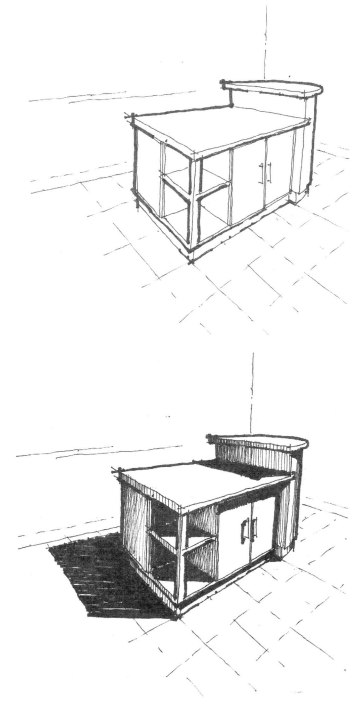

用线条辅助线建立场景是比较快捷有效的办法。

同样的场景，加上一些明暗和投影效果就会让画面显得更立体、真实。本图作者吉姆·道金斯。

阴影的快速画法

研究一个物体的正确几何投影可能会花费你很多功夫。特别是在精确制图的时候，需要投入大量时间来做好这一点。但是，快速绘制概念草图时没有很多时间允许你深思熟虑和精确测量。粗略的投影示意往往就够了。

首先确定光源位于哪一侧，然后添加一个类似物体形状的投影暗色区域。如果是参照人物，只需在远离光源一侧画出从腿部延伸出的一小块黑暗区域即可。

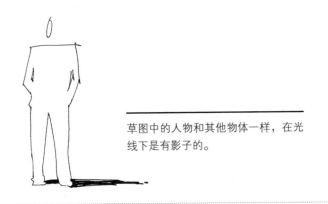

草图中的人物和其他物体一样，在光线下是有影子的。

尝试在13厘米×20厘米的索引卡上画出各种大小的人物投影，并将习作贴到本页下方。基于第5章附加草图练习章节中练习的人物画五个人物速写，然后用较粗的线条快速添加投影。改变投影的长度以表现光源的不同高度：光源低则投影长，光源高则投影短。还可以尝试从各个方向画投影。反复练习带影子的人物并将习作贴在之前的习作上，以便检查自己的进步。

将你的人物速写习作贴在这里。

色调、明暗和阴影基础

　　草图中的色调、明暗和阴影是对场景中光源的反映。光源可以是台灯、吊灯、太阳，也可以是来自某个地方、某个方向的更强的光线。无论光源是什么、在哪里，你都要掌握光源的位置及其相对高度（角度）、相对方向（线性方向）和相对强度（对比度和亮度）。

　　为了快速绘图，你将基于对光源的一般感觉，用色调创建场景深度。色调不一定代表明暗或阴影，但它可以微调阴影以创建深度。

　　为了在速写中保持简洁的画面效果，我们只需要把中度到黑色的明暗分配到绘制对象的表面上。影子是草图中最暗的部分。影子不是绘制对象的一部分，而是被绘制对象挡住、光线不能达到的区域。明暗存在于物体表面上，阴影（影子）则是物体投射出来的黑暗区域。

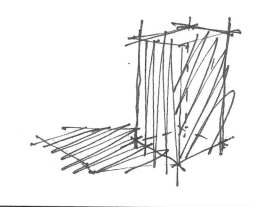

画明暗线条时要注意保持简洁的画面效果。在这个示例图中，描绘明暗和阴影的线条超出了物体轮廓范围，削弱了场景造型，因此显得十分杂乱。

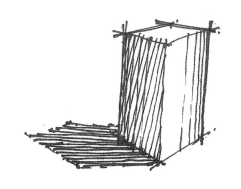

这个示例图中的色调、明暗和投影非常和谐、统一，提升了立方体的立体感。

提示

　　色调、明暗和阴影的作用是突出一个物体的形状，而不是吸引观众的注意力。

　　创建色调和明暗时要注意以下几点。

　　1.确保平行的线条之间的间距，不会被误认为是一种表面图案或纹理。

　　2.保持阴影、明暗或色调的亮度均匀。不要让修饰手法反过来干扰了视觉效果。

　　在概念草图中用快速的线条建立色调、明暗和阴影的亮度，注意不要让这些线条形成的图案过于抢眼。

迅速估出两点透视的阴影投射

请认真看一下本页的两点透视立方体及其阴影投射研习图。按照下面几页讲解的简化流程来推导投影的形状，如此一来，快速画出物体的影子就不是非常困难了。

以两点透视的简单立方体为例，想象自己可以看到该立方体的所有面和边。这将有助于估算投影的形状、长度和位置。在示例图中，无法看到的边显示为虚线。我们将从两个视角显示立方体，以便你观察光线是如何照射在立方体上的。

任务：在各种立方体上建立色调、明暗和阴影

学习下列步骤，并完成下页的立方体练习。

1.选择光源方向。可以是绝对地理方向（东南西北），也可以是相对方向（前后左右）。示例中使用了绝对地理方向，将光源设置为从西南方向投射到东北方向。

在地面上画出从物体边缘照射过去的光线。把这些线看作光线切过垂直边而形成的线，它们应该是相互平行的。

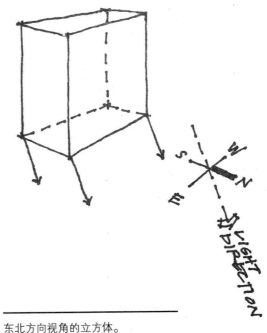

东北方向视角的立方体。

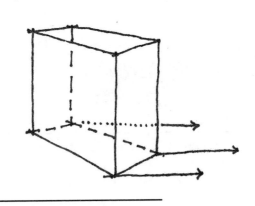

西南方向视角的立方体。

提示

光源既可以由平行的光线构成，也可以由点光源构成。本章中用平行的光线做示范，以便清晰地解释投影是如何产生的。由点光源照明的投影可以有效地表现物体到光源的距离，因为点光源所形成的影子看上去是打散的。

光线在物体的垂直边（或其他与竖边垂直的平坦表面上的边）产生的影子边缘应该在地面沿着光线方向延伸。

2.接下来，选择一个表示光源在物体上方的角度。示例中选择了与地面形成60度角的陡峭的光源角度。

沿着这个角度经过对象边缘画线（光线）。这些光线相互平行，并在地面上与已经画出的光线方向相交。连接地面上的线以形成物体投影的轮廓。

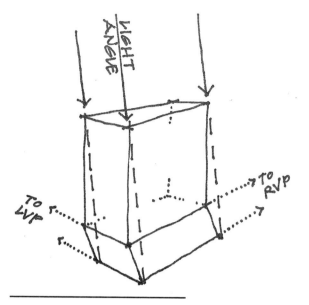

东北方向视角。

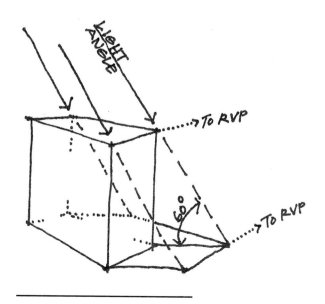

东南方向视角。

提示

在通常情况下，投影的边的数量与光线在对象轮廓上经过的边缘数量一样多。请注意，本页示例的投影有四条边，对应光线经过的立方体的四条边。

你要注意，平行光线从特定角度照射到立方体上时，投影的边会与物体边缘构成直角三角形，再观察光线是如何经过物体而形成投影的。

另外，还要注意，立方体边缘形成的投影边缘也要消失在同样的透视灭点上。这是因为立方体边缘和阴影边缘相互平行，灭点也是一样的（左灭点或右灭点）。

3. 现在用更暗的调子画出立方体的影子。注意影子的明暗是均匀一致的。

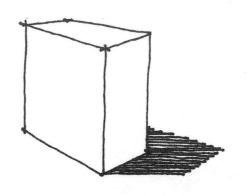

东北方向视图。

东南方向视角。

提示

在同一张或是同一系列的草图中，表现阴影的画法应该保持一致。示例图中用于表现阴影的线条平行于光线方向的密线。

提示

这种画法利用物体带有方向性暗示的投影来为给场景图增加深度感。

4.最后，用轻快的调子表现物体表面的明暗效果。确保同样的明暗位置要画得均匀一致。

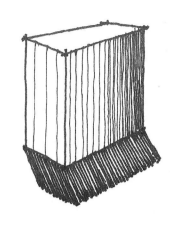

东北方向视图。

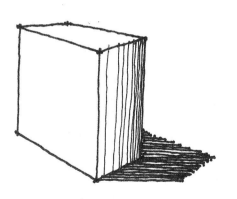

东南方向视角。

提示

在同一张或是同一系列的草图中，表现明暗的画法应该保持一致。它也应该与表现阴影的画法保持一致。示例图中的明暗效果是用平行的线条通过密度变化建立的。

如果时间允许，可以将较暗位置的线相融合，这样可以表现更明显的场景深度。另外，如果有两个面都处在被观察到的位置，应该将一个面画得比另一个面亮，来反映这两个面到光源的不同距离。

右图中有几个立方体、视平线和灭点可以给你做参考。

你的任务是为每个立方体创建预设角度的光源和相应的阴影投射。或许你可以将所有立方体都设置于同一个角度的同一个光源之中。本页给出的示例图探索了各种光源方向和角度变化。

当你熟悉了创建明暗和投影的技巧之后，就不必每次都局限于30度或45度的光源设置了。但需要保持光源角度和方向的一致性。快速绘制明暗和阴影的目标是较快地估出其最终形状并添加在草图上。准确观察光源及其对物体和周围环境的影响需要多加练习，所以要有耐心，并坚持练习！

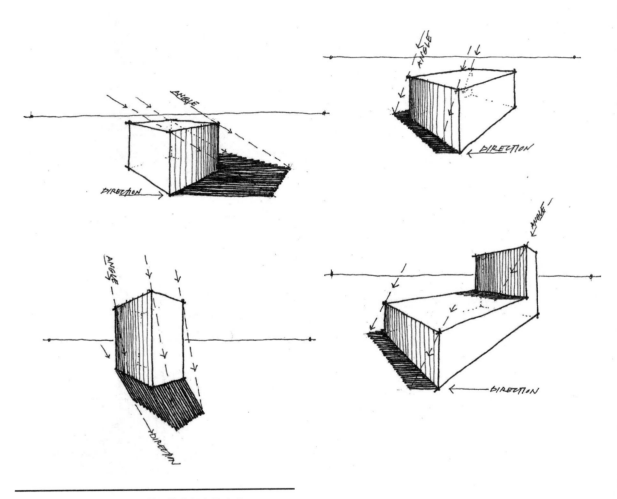

明暗、阴影和色调能给草图效果带来很大的改观。

请为本页的立方体画出明暗和投影。可以参照前面几页的示例来帮助你设定光源角度和方向。

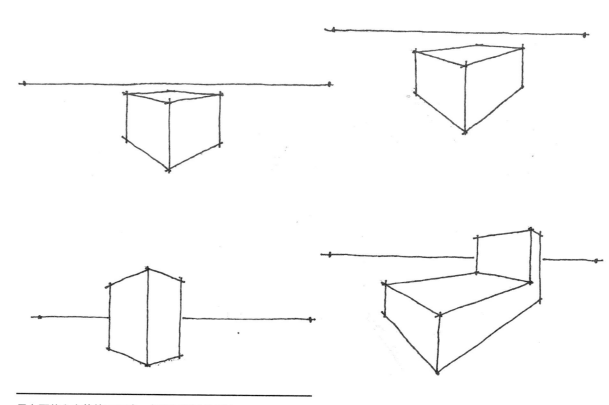

用上面的立方体练习明暗、色调和投影的画法。

其他物体的投影

　　明暗和阴影的画法可以应用于场景中的各种更复杂的对象，例如右图中的长椅、人物、台阶和树。处理复杂对象的关键是先将其简化成几何体，如立方体、球体或圆柱体，然后以此为基础建立投影。请记住，在草图中你不需要画出与对象一模一样的影子轮廓。相反，你的目的是尽快、尽可能好地描述出对象的一般形状特征，以便为对象在场景内建立立体感。把这个任务看作基于描述的准确性，而不是基于计算的精确性。

把长凳、垃圾箱、人物、台阶和树的形状提炼为简单几何体，以便想象出其投影的形状。本图作者为吉姆·道金斯。

请按照本页给出的示例为树画上投影，并添加场景中其他物体的明暗。

1.首先，将树看成是一组简单几何形体，如一个圆柱体上面顶着一个球体。然后利用视平线和灭点创建这组对象。

2.在树干上创建一个30度（如右图所示）、45度或自行确定角度的三角形，用来确立光线的方向和角度。

3.利用灭点在场景中一边想象一边画网格，网格的几何图形将帮助你定位树的投影位置，并建立大致的树冠投影形状。

4.为树的各部分添加细节和明暗，为地上的投影添加明暗，最终完成场景。

在第四步显示的场景中，你可以利用灰度来表现投影本身的深浅变化。距离树最近时影子最黑，随着距离物体越来越远，影子会逐渐变淡。有时候这种方法比画一个完整的黑影更快捷，还会使画面显得更加生动。

第1~3步。

第4步。

在这里练习带明暗和投影的树。把你画的树影（或其他色调、明暗和阴影练习的）习作贴在这里。

场景练习

　　下面我们要帮助你练习如何在场景中绘制色调、明暗和阴影。这是一个带有传统式山墙屋顶的会议中心外的庭院。你将在下一页以两点透视的角度画出这个场景。

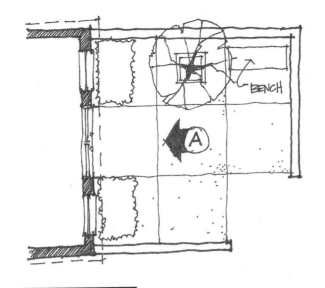

平面图。

立面图。

带明暗和投影的庭院草图。作者蒂姆·怀特。

仔细观察该场景的平面图和立面图，然后闭上眼睛想象这个场景的两点透视图会是什么样子。利用你在前面章节中学到的一些速写技巧开始创建场景。

这个场景是花园中的一部分区域，庭院中有矮墙、树木和一栋小房子的局部。你的任务是创建这个场景的两点透视图，并在各个元素上练习明暗、阴影的绘制技巧。请将光源的投射角度设置为60度，自右上方（大约长凳的位置）照射到院子左下角的区域（假如在纸面垂直向上的方向设为0度的话，光线方向是225度）。

请在一张10厘米×15厘米的索引卡上进行练习，并在下一页的空白处贴上你的习作。

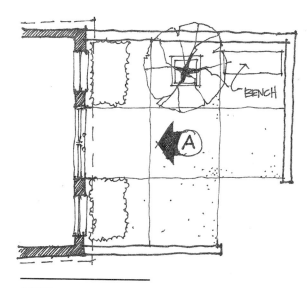

平面图。

开始之前请做好以下准备。

1.用手机或秒表记录作图时间。

2.用高效的速度在索引卡上画出两点透视场景图，要快速而不失准确性。

3.完成后立即停止计时。记录完成草图的日期和所用的时间。这样你就可以发现随着时间的推移，自己画得越来越好、越来越快。

立面图。

一种解决方案

　　右图是这个庭院场景的一种草图方案。它可能看起来和你的草图有些差别。例如光线可能会稍微偏低或角度有些不同。另外，如果你一直坚持反复练习，现在或许已经建立了个人风格，并在习作中崭露头角。你的速度可能还不够快，但这需要练习。习作中比较常见的元素是明暗、阴影的造型，需要注意光线方向和角度是否正确，以及各种方向是否协调、一致。

　　把你的习作贴在本页的空白处，并与示例图进行比较。认真审视自己的作品，是否达到了以下要求。

　　1.光源及其在场景中传达的内容是否一目了然。

　　2.如果有些东西看起来不太对，请花点时间分析问题的原因。例如，阴影是否过长；相对于阴影的灰度，明暗设置是否太暗；有没有注意到建筑物的人字形屋顶。

　　通过这幅场景草图，你会学到一些关于光线与色调、明暗和阴影关系的内容。你可以设置光源的不同角度和方向，反复练习这个场景。大量的练习会提高你画图的速度、准确性，以及让你更好地理解光线是如何影响场景草图效果的。每次都试着画得更快，如果能提高30秒那就相当好了。

一种解决方案示例图。本图完成时间为9分57秒。

将你的习作贴在这里。

第12章
构图

概览

到目前为止，你一直在练习如何绘制透视图，并按照要求完成了一点透视图和两点透视图的速写练习，而没有过多地考虑观看者置于场景中的位置。

如何确立自己的风格？在透视图中依据什么来判断构图的好坏呢？本章的练习将指导你判断这个问题。

普特尼桥，作者为佛罗里达农业与机械大学建筑学院的爱德华·怀特（Edward White）教授。

缩略草图

在画草图之前，有一种简单的方法可以帮助你做决定——绘制缩略草图。以下是缩略草图的一些特点。

1.缩略草图很小，通常高度和宽度为2.5~7.6厘米。细节很少，只包括主要元素。

2.创作非常迅速和随意，只是为了研究构图和确定焦点。

3.通常有个边框来帮助你作出决定。

4.通常要为一个建筑空间画多个缩略草图，以便从中选择。

一个庭院的两点透视缩略草图。

庭院内部空间的一点透视缩略草图。

庭院街道的一点透视缩略草图。

请研究一下这个住宅平面图。

在10厘米×15厘米的索引卡上创建两个缩略草图，来探索这个空间的两个不同的视角，一个是一点透视缩略草图，另一个是两点透视缩略草图。

请注意，这里有两个特别有趣的元素：壁炉和一对仿古彩色玻璃门。

在10厘米×15厘米的索引卡上画出这两个缩略草图，使每个缩略草图的大小保持在5厘米×7.6厘米的范围内——这个尺寸足够小，可以使草图内容尽可能简单，但又能足够展示你想要表达的内容。

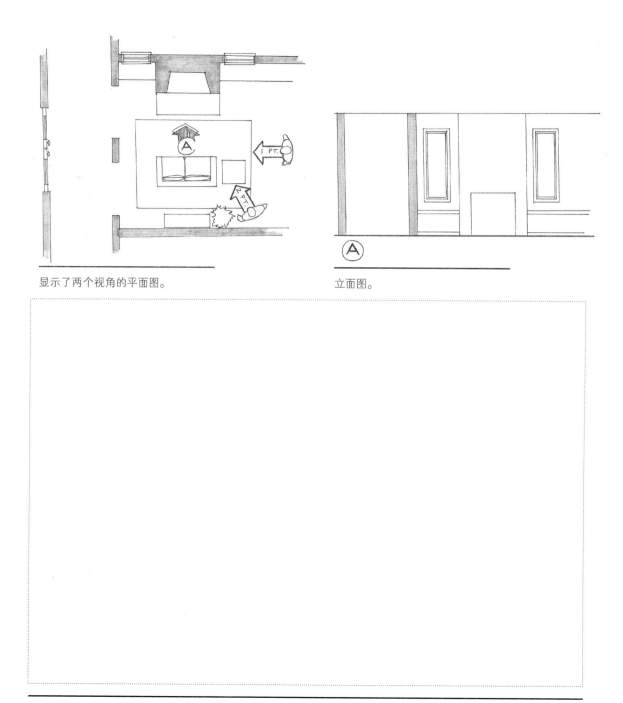

显示了两个视角的平面图。

立面图。

把你的两幅缩略草图贴在这里。

构图原则

　　想要判断哪个缩略草图的方案更好，就要先了解一些构图原则。

一点透视缩略草图。

两点透视缩略草图。

一点透视缩略草图

刚才的例子中清楚地表明两点透视缩略草图相较于一点透视缩略草图更有优势。

尽管如此，不要认为一点透视缩略草图就是糟糕的或无聊的选择。绘图时，一点透视缩略草图有时候是最好的选择。

一点透视缩略草图的特点如下。

1.绘制起来简单、快捷。

2.可以表现三面墙。

3.通常适合室内场景。

4.看起来很稳定，适合银行、医院等需要给人安定感的场景。

但是，如果使用过度，就会让一点透视缩略草图中的场景看起来过于乏味。

 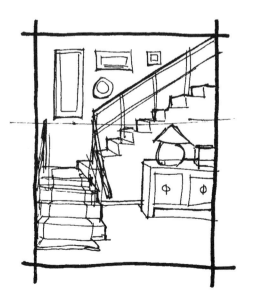 

两点透视缩略草图

两点透视缩略草图的特点如下。

1.绘制起来较难，要考虑、安排更多的灭点。

2.看起来更真实。这是因为在通常情况下，人们在房间中更有可能站在两点透视的视角位置上进行观察。

3.由于两点透视缩略草图内包含有角度的线条，因此会显得更加具有动感，人们通常会更喜欢不对称的线条。

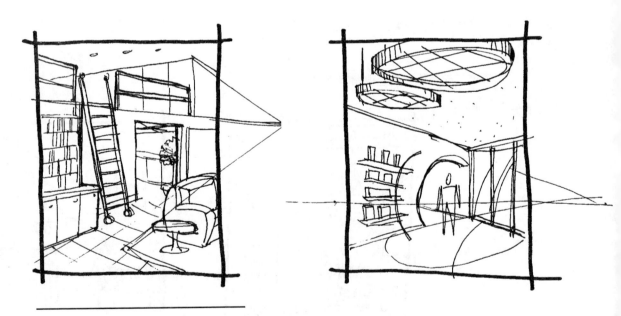

商业区、住宅和商城样板区的两点透视缩略草图。

准备画图

现在可以用你刚才画好的两点透视缩略草图作为参考。请将你的两点透视缩略草图放在本书旁边，参照它创建具有更多细节的场景草图。然后，在13厘米×20厘米的索引卡上进行计时练习。

 除了场景中的基本元素以外，还要记得添加以下内容。

1.缩略草图的边框。

2.轮廓线（有关轮廓线的内容请参考第6章）。

3.用快速线条表现明暗（参见本页的缩略图）。这个方法将把观众的注意力吸引到壁炉正面的主要特征上。

4.艺术品、摆件和人物等可以让场景显得更加真实。

翻到下页观察平面图和立面图，然后开始进行计时练习。

两点透视缩略草图。

你将在13厘米×20厘米的索引卡上进行两点透视场景图的练习。用缩略草图作为指导，可以帮助你更有信心地表现自己的想法，因为基本构图已经通过缩略草图建立起来了（这也是先画缩略草图的好处）。

这个两点透视场景图可能需要20分钟或者更长的时间才能完成。虽然时间长没有关系，但不要在草图细节上花费过多功夫。随着你的练习经验越来越多，就会知道何时应该开始在图上做减法了。

准备好后就开始计时练习吧！完成后，立即停止计时，然后在卡片上记录下日期和完成时间。

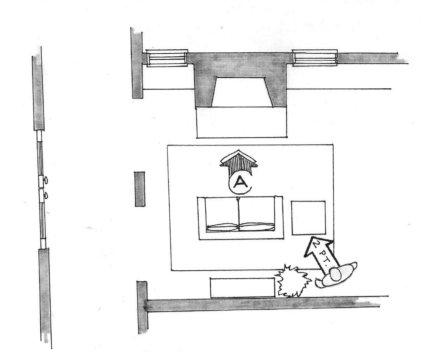

标有两点视图视角位置的平面图。

立面图。

216 室内设计思维训练与草图表达

一种解决方案

把你的习作贴在本页的空白处。

你可以把你的作品与本页的示例进行比较。

本书中的场景练习越来越复杂，对明暗和阴影安排的选项也越来越多。所以你的习作肯定会和示例看起来不一样。在这张图上花费多少时间和添加多少细节完全由你自己来掌握。

在反复练习中，可以安排不同的细节元素或人物。每一次的重复练习都能帮你变得更好、更快。

解决方案示例。本图的绘制时间为22分钟左右，作者为吉尔·帕布罗。

请将你的习作贴在这里。

第13章
添加对比度来强调或美化草图

概览

　　到目前为止，你只需要使用一两支水笔就可以完成情景草图的绘制。为了达到快速绘制的要求，你要尽量选择简单、便捷的工具。

　　虽然速写以水笔勾线为主，但如果能增加一些灰度，就可以迅速增强效果和强调细节，而这只要额外多花一点时间。

　　在本场景中将探索如何通过添加灰度来增强草图效果，以及一些让场景草图更生动的美化技巧。

宾夕法尼亚州的国会大厦。作者为华盛顿州立大学室内设计系的罗伯特·克里卡克。

选择速写的灰度马克笔

首先，拿出你的灰度马克笔。为了保持画图速度，且不至于让画面太复杂，你只需要两支笔：一支30%或40%灰度的马克笔和一支70%或80%灰度的马克笔。

要确保两支笔都是冷灰或温灰色调，法式灰也可以。

虽然在素描中用到的不同灰度值可达十几个，但这样做非常耗时，并不适用于所有的绘画形式。

你可以在10厘米×15厘米的空白索引卡上画出2个方格，如右图所示。然后用两支马克笔分别在这两个方格中随意画上几笔。这不是填色游戏，只要画出差不多均匀一致的深浅度即可。

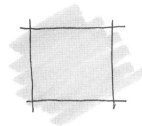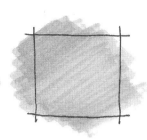

设计用的马克笔有太多品牌可以选择。有的是单头，有的是双头，两端笔头的粗细不一样。

尝试在你的索引卡上画出示例中给出的两种灰度。

请将你的习作贴在这里。

用马克笔表现明暗

我们先用简单的立方体做热身练习。

请为右图的立方体添加投影轮廓。本页还给出了一个立方体上色的示例——在背光一侧用30%灰度的马克笔画出了立方体的阴影部分，用70%灰度的马克笔画出投影区域。在本书中称这两种灰度为"浅灰"和"深灰"。

从图中选择三个立方体，将其画在13厘米×20厘米的空白索引卡上，然后按照示例中给出的方式为它们添加明暗和阴影以增加立体感。

请注意，不必将颜色精确地填进阴影轮廓中，只要大部分填好即可。留下一点未填满的区域会让草图看起来更自然。

完成练习后，请翻到下页。

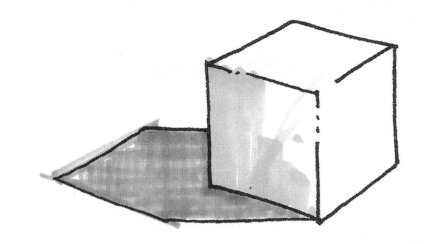

示例中显示了用灰度马克笔表现明暗的效果。

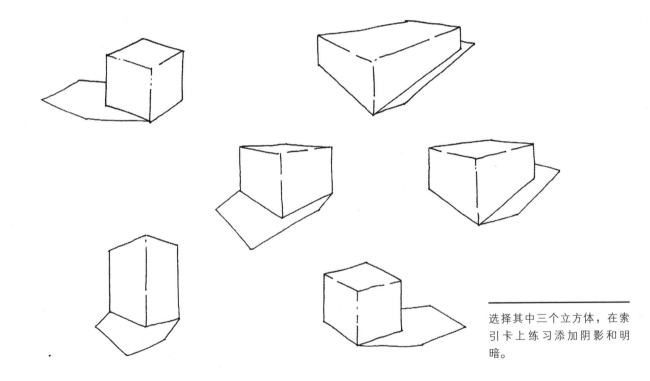

选择其中三个立方体，在索引卡上练习添加阴影和明暗。

记录热身练习的情况

　　将你的热身练习贴在此处。反复练习直到你能轻松、自信地画出明暗部分为止。有时候，各种因素都会影响你的笔触，比如前一天的睡眠状况，是否刚喝了很多咖啡，是否有压力等。如果对自己的作品不满意，就多加练习吧！

请将你的热身练习最佳习作贴在这里。

为单独物品设计场景

这是第二个热身练习。现在你已熟练掌握如何快速画出明暗和阴影的方法了，让我们试试用这些方法让单个速写对象显得更生动。孤零零地画一个物体的草图听起来很奇怪，但却有很多实际用处。例如你可能需要向客户展示一个新的零售产品，或者在设计过程中帮助客户选择餐厅的椅子。

根据以下步骤来练习构建带有明暗的场景草图的能力。如果你想在开始之前复习一下基本技巧，请参阅第1章中的鸟瞰立方体练习和本书第一部分的人物练习，以及第6章中有关轮廓线的解释。

第1步：在10厘米×15厘米的索引卡上绘制一个简单的立方体鸟瞰图。在旁边画一个人形作为参照尺寸。立方体是一个带有轮子的行李箱。

第2步：和本章的第1个练习一样，在立方体的侧面添加浅灰色阴影，然后在地面上添加深灰色投影。

人们首先会注意到视觉上的强烈对比。对比度的变化往往会使物体看起来更加生动、吸引人。我们可以通过在场景背景建立一个色块来实现对比。

最后，在箱子的顶部和两侧添加轮廓线。

将完整的草图粘贴到本页的空白处以记录你的练习。 在你练习接下来的设计内容时回过头来看看这个作品或许会发现自己的进步。

第3步：在立方体背后建立带颜色的方形背景，并给立方体顶部和侧面添加轮廓线。

请将你的热身练习最佳习作贴在这里。

为单独物品设计场景：
进一步的选择

除此之外，还有一些通过明暗对比来突显主要对象的方法。选择何种方法取决于立方体对象的阴影和明暗。也就是说，要尽量保持立方体和灰度背景之间的色度反差。

试试不同的方式，在13厘米×20厘米空白索引卡上重新画线条图，并且按照图中给出的方式添加明暗背景。最后把你的练习成果贴在这里。

如果立方体采用浅色调，那么你采用这种方法是合适的。背景中的暗色增强了对比效果。

如果立方体采用中性色或偏暗的色调，则这种方法更合适。请注意，这种方法使用时在背景周围的空间中需要画成灰色。而且，给草图加个边框可以加强画面效果。

请将你的热身练习最佳习作贴在这里。

商品展示柜1

如果你已经学会了如何丰富单个对象的场景，现在就可以将这些方法运用到设计场景中去了。

试想你正在为一家零售商店做设计。来自鞋业公司的客户要求你设计一个新的定制展示柜，专门用来在名为阿米巴（Amoeba）的商店中展示新的运动鞋系列。以下是客户描述的需求概要。

阿米巴是为以男性为主的青少年设计的新款街头鞋和T恤产品系列。该品牌店面位于商城楼层的中间位置，顾客可以从商场两侧看到展示柜并进来购物。展示柜需要展示至少四双鞋和几摞折叠的T恤衫。展示柜中还可以摆一些供顾客自取的产品宣传册。我们正在努力打造品牌形象，因此设计中要突出品牌Logo及其阿米巴虫式的变形体。

或许，你可以在设计方案中运用在本章中学到的技巧。在做这个设计时可以翻开之前的页面，找出你的习作作为参考。

准备好后，请翻到下页继续。

阿米巴鞋业公司的品牌Logo。

用本章的热身草图练习技巧设计场景。

现在该运用你学到的技巧了。

这里再重复一下客户的要求：你的客户是鞋业公司的老板，他要求你设计一个新的零售展示柜，用来容纳阿米巴的鞋和相关物品。以下是客户需求描述概要。

阿米巴是为以男性青少年设计的新款街头鞋和T恤产品系列。该品牌店面位于商城楼层的中间位置，顾客可以从商场两侧看到展示柜并进来购物。展示柜需要展示至少四双鞋和几摞折叠的T恤衫。展示柜中还可以摆放一些供顾客自取的产品宣传册。我们正在努力打造品牌形象，因此设计中要突出品牌Logo及其阿米巴虫式的变形体。

在13厘米×20厘米的空白索引卡上创建此场景的两点透视图吧！

请进行计时练习。用时尽量不超过30分钟。作图前做好以下准备。

1.用手机或秒表为作图过程计时。

2.用高效的速度画出场景草图，不要为了速度而忽略准确性。

3.作图完毕后立刻停止计时。然后在索引卡上记

阿米巴鞋业公司的品牌Logo。

下完成时间、练习版本编号和练习日期。随着时间推移，你会发现自己的进步和速度的提升。

用本章的热身草图练习技巧设计场景。

商品展示柜1的一种解决方案

现在把你的习作和这个示例图进行比较。可以肯定的是，你们的作品看起来一定是不一样的，因为每个人都会以自己的方式去理解客户的需求。不过，要注意透视的构建和明暗的安排应该起到烘托和突出场景的作用，而不是分散观众的注意力。

把你的习作贴在本页空白处。

也许你的完成速度没有该示例的作者快，或者你对造型不太满意。没关系！速度和准确性将随着你的练习稳步提高。要像"海绵"一样吸收他人的优点，并将其转换成自己独特的表达方式。

本图花费了约24分钟的时间，作者为吉尔·帕布罗。

请将你的热身练习最佳习作贴在这里。

商品展示柜2

在设计场景2的解决方案时，你要在设计过程中练习一些技巧。创作主题仍然是零售商店的展示装置。设计中需要展示一本名为《白色楼梯》的新书。以下是详细信息。

《白色楼梯》是一本新的神秘小说，书中故事发生在英国维多利亚时代，本书面向成人读者。你的任务是为零售书店设计专门为推广该书而定制的展示柜。展示柜中需要摆放成摆的精装书，同时还要展示一张突出本书主题的海报。如果能使设计方案契合故事的历史背景则会加分。

现在请在13厘米×20厘米的索引卡上画出这幅两点透视草图。

 请进行计时练习。尽量用时不超过30分钟。作图前请做好以下准备。

1.用手机或秒表为作图过程计时。

2.用高效的速度画出场景草图，不要为了追求速度而忽略准确性。

3.作图完毕后立刻停止计时。然后在索引卡上记下完成时间、练习版本编号和练习日期。随着时间的推移，你会发现自己的进步和速度的提升。

用本章的热身练习做参考来设计场景。

《白色楼梯》一书的封面字体设计。

商品展示柜2的一种解决方案

现在将你的草图和示例图进行比较。可以肯定的是你们的作品看起来很不一样，因为每个人都会以自己的方式解释客户的要求。但是，你的透视构图和明暗关系等应该能很好地表现场景的视觉效果，而不是分散观众的注意力。

然后把你的习作贴在本页空白处。

现在，你已经开始同时进行设计和绘图了，这是构建"下意识"速写技能的绝佳方法。"下意识"的自动绘图技能意味着你不必只考虑画图本身，而是可以将注意力集中在设计上。在"下意识"的画图状态中，你会画得更快、更准确。在接下来的页面中你可以尝试设计不同的主题，反复练习这个场景。

本图用时约22分钟，作者为吉尔·帕布罗。

将你的最佳习作贴在这里。

商品展示柜3

在设计场景3的解决方案时，你要在设计过程中练习一些技巧。创作主题仍然是零售商店的展示装置。这次要展示的是高端女装品牌公司的连衣裙。以下是详细信息。

公司的名称是curve。其女士正装的服装风格是前卫、简单、优雅。设计对象是展示本月主打新款的展示台。当购物者进入curve的零售商店时，这个展示台应是客人目光的焦点。服装样品至少能从三面观赏。展示台应反映出高质量、简约等公司理念和特点。

现在请在13厘米×20厘米的索引卡上画出这幅两点透视草图。

 请做计时练习。时间尽量不要超过30分钟。作图前做好以下准备。

1.用手机或秒表为作图过程计时。

2.用高效的速度画出场景草图，不要为了速度而忽略准确性。

3.作图完毕后请立刻停止计时。在索引卡上记下完成时间、练习版本编号和练习日期。随着时间推移，你会发现自己的进步和速度的提升。

用本章的热身练习作为参考来设计场景。

Curve公司的标识。

商品展示柜3的一种解决方案

现在将你的草图与这个示例图进行比较。可以肯定的是你的作品和示例一定很不一样，因为设计具有多种可能性。你可以勾画三到五种不同的设计方案，为客户curve公司提供多个备选方案。

把你的习作贴在本页空白处。

希望你喜欢这种边画边构造创意的方式——这是画草图最好的方式。画图的目的不仅仅是为了记录已经存在的事物，还可以帮助你将存在于脑海中的事物带到现实世界中。有些设计公司的首席设计师会让设计助理去做计算机辅助设计的工作，这样他们可以有充足的时间亲自为客户讲解设计方案，并引导项目的进展。这让设计工作更加有趣！

本图的完成时间约为18分钟，作者吉尔·帕布罗。

将你的最佳习作贴在这里。

第14章
材料与质感

概览

目前，我们在物体草图的练习中还没怎么涉及表面和质感的处理。练习的目的主要是提高速度和准确性，同时逐渐丰富草图细节。我们训练的重点是建立稳固的透视框架，然后在其中绘制出正确的造型和样式，高效地传达设计思维，同时添加一些有意义的细节内容。

在这一章节中，我们将探讨如何运用纹理和材质在家具上添加细节，并运用灯、桌子、书籍和餐具等其他附属品来丰富不同的场景，以美化场景并传达场景的氛围感。

比如在画椅子的时候，只要时间允许，并且掌握足够多有关椅子面料和样式的信息，就可以在椅子草图上添加更多细节。特别是椅子处在靠近目光焦点的位置，更应该画好细节。这对让客户信服来说可能非常有帮助。

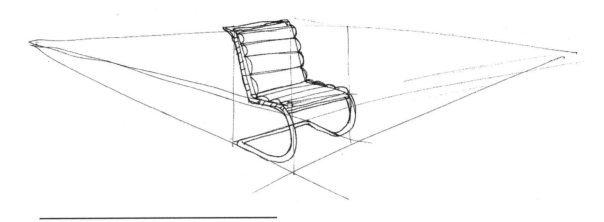

示例中的这个椅子并不需要描绘更多细节。

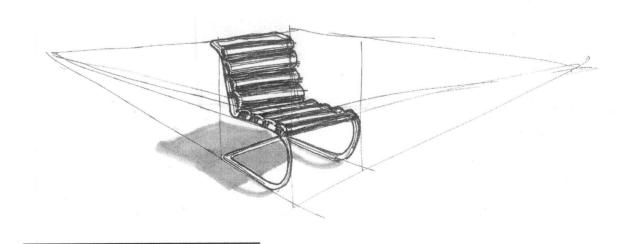

密斯·凡·德·罗在1927年设计的悬臂式椅子。

表现装饰物和材质

本章将要求你练习不同样式的躺椅，并为其加上不同的装饰面料。

示例中的小品图向我们展示了一个较大场景的部分区域。小品图中的元素包括椅子、桌子和烘托周围环境的物品。

相较于整个场景来说，小品图绘制起来容易一些，并且可以将客户的目光引导到特定元素上。

一个沙发休息区的小品图。作者为吉姆·道金斯。

绘制沙发椅

仔细观察这个沙发椅。它的绘制步骤是先画出立方体框架，再将其分解成多个小立方体，画出沙发的组成部分。

你将练习在10厘米×15厘米的索引卡上画出这个沙发椅的两点透视草图，绘制完成后请将习作贴在下页。

提示

请在10厘米×15厘米的索引卡上绘制这个沙发椅，并尽可能地将两个灭点的距离拉开，不然椅子会变形。另外，视平线的位置应该较高，大约在卡片四分之三的位置，这样才能将整个椅子都放在视图中。

请记住，你绘制此场景的目的是探索有关纹理和材质的快速草图画法。所以绘制草图时要选择恰当的透视角度——能看到面积足够大的椅面和靠背（大部分材质的细节都在这些位置）。

反复练习此场景，以便你对造型、形状，以及沙发与视平线、灭点的对应关系有更好的把握。你可以在画框架的时候提高速度，以便在绘制需要更高精度和准确度的细节时有充足的时间。

佛罗伦斯·诺尔设计的休息室沙发。

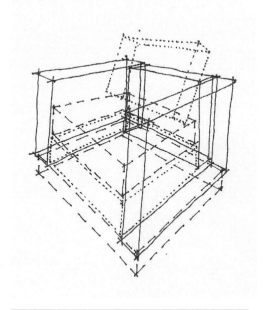

上述沙发的立方体框架图。

提示

　　仔细观察沙发相对于灭点的位置。沙发的顶部应该低于视平线。

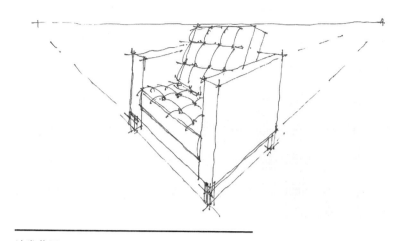

沙发草图。

请将你的习作贴在这里。

面料细节

仔细观察这张皮革样本的照片，注意上面的高光区、阴影区、凸起部分、深陷部分，以及褶皱的形状。

皮革表面通常反光，从而在褶皱的前缘（凸面）和深陷部分（凹面）产生明亮和黑暗的区域。注意皮革从前缘弯曲并向深陷部分延伸的时候，会产生高光区，并逐渐变暗。

现在请在13厘米×20厘米的索引卡上练习表现皮革面料质感的速写。

在表现投影、高光的时候不要忽视光源的位置。画好之后将习作贴在本页。通过反复的练习，你可以更好地掌握如何通过特定的光线和角度表现材料质感。

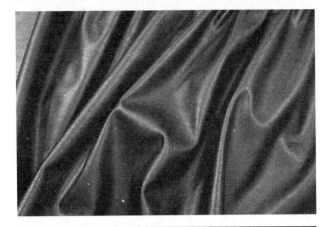

皮革照片。

表现皮革褶皱的一种方式，结合了填充和涂抹的表现手法。

请将你的习作贴在这里。

在10厘米×15厘米的索引卡上以两点透视的角度重新创建的皮面佛罗伦斯·诺尔设计沙发椅（与你之前画过的草图类似）。将光源设置在椅子的左上方，以便照亮沙发椅的正面。完成这些步骤后，将索引卡贴在此页的空白处。请反复练习，以使更清楚地"看懂"如何运用光感来表现纹理和材质。

提示

在黑白草图中，高光区域可以留白，而黑色区域则可以用笔触表现。这种留白和笔触的反差为草图提供更强烈的对比。

请记住，你要表现的不是皮革的颜色，而是光映射在皮革上的效果。

表现皮革沙发的一种方式，结合了填色和涂抹的表现方法。

请将你的习作贴在这里。

如果沙发椅用的是这种印花织物，那该怎么画呢？乍看之下，这种样式似乎很难画。

通常在草图中表现复杂图案时，应将具体的图案简化为基本形状。一个简单的方法就是眯着眼睛看这个图案，这样就可以忽略细节，只留下基本形状和布局。

用你自己的方式在10厘米×15厘米的索引卡上画出示例中的面料样式。看看自己是否具备简化图案的能力。完成后，将索引卡贴在此页的空白处。反复练习几次，或许你会逐渐摸索出简化图案的好方法。

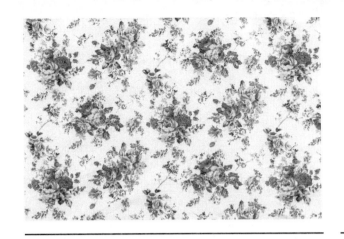

面料图案：玫瑰花束。

简化面料图案的一种草图方案。

把你的习作贴在这里。

在10厘米×15厘米的索引卡上重新绘制一个带有上页图案的佛罗伦斯·诺尔设计的休闲沙发。绘制完成后，将习作贴在此页提供的空白处。通过反复练习，让自己更清楚地理解如何表现装饰图案。

注意面料图案在物体表面的分布形式，要区分椅面和椅背上的疏密布局。根据透视原理，图案元素的间距需要相应缩短，或是在水平方向上画得更密些。请添加一些明暗和阴影来帮助你完成草图。

提示

大多数面料图案都是沿着固定的垂直方向或水平方向的重复元素，因此可以把这样的图案布局看成是一张网格。利用网格来绘制图案，就很容易将其画到椅子表面上。用铅笔或水笔画出非常轻的线条。完成后，再将面料图案演绎应用到椅子各个面上。

绘制沙发面料图案的一种方案。

请将你的习作贴在这里。

场景1

现在请根据客户要求进行计时练习。

这位客户要求你画一张他理想中的家中阅读角落的草图，其中包括沙发椅和落地灯。你需要画一个具有棋盘格图案面料的沙发椅、旁边落地灯的灯罩面料也带有相同图案，还要绘制墙壁背景。

请进行计时练习。作图前请做好以下准备。

1.用手机或秒表为作图过程计时。

2.用高效的速度画出场景草图，不要为了速度而忽略准确性。

确保你的坐姿舒服，只有坐得舒服，设计师才能画出优秀的图。

在10厘米×15厘米的索引卡上绘制草图，所有元素和灭点均应绘制在卡片上。将左右灭点放在卡片的最左侧和最右侧边缘。

作图完毕后立刻停止计时，然后在索引卡上记下完成时间、练习版本编号和练习日期。随着时间推移，你会发现自己的进步和速度的提升。

现在开始画图吧！

佛罗伦斯·诺尔设计的沙发椅。

无缝的鸢尾花图案。

蒂芙尼落地灯。

场景1的一种解决方案

　　这是场景1的一种解决方案。现在将你的卡片贴在空白处，并比较你的习作与示例的差别。记住，即便是同一个人完成的两份草图，也不可能一模一样。你的习作和示例不大一样是完全正常的。

　　你画得怎么样？首先看看你的沙发椅造型处理得怎么样。它足够大吗？是否显示了足够的椅面、椅背、扶手和至少一个完整的侧面？你演绎的面料图案能否表现沙发椅的立体尺寸和比例？落地灯杆够不够细，还是太粗了？

　　请记住，你的任务是快速绘制草图。有些物品应该被下意识地很快画出来，比如沙发椅和落地灯的框架结构，而其他细节则需要更多时间来描绘，比如沙发椅的图案和纹理。

　　你可以从不同视角反复练习此场景草图，因为客户很可能希望从前面、后面和侧面等多个方向看到该场景的样子。你也可以反复练习同一个角度来提高速度。

完成本图用时11分6秒，作者为吉姆·道金斯。

请将你的习作贴在这里。

场景2

你的客户很喜欢沙发椅的造型，但是想试试另外一种带有南美洲风情的样式。

这是客户要求你画一张他理想中的家中阅读角落的草图，其中包括沙发椅和落地灯。你需要画一个具有棋盘格图案面料的沙发椅、旁边是落地灯，还要绘制墙壁背景。

请进行计时练习。作图前请做好以下准备。

1.用手机或秒表为作图过程计时。

2.高效地画出场景草图，不要为了速度而忽略准确性。

确保你的坐姿舒服，因为只有坐得舒服的设计师才能画出优秀的图。

在10厘米×15厘米的索引卡上绘制草图，所有元素和灭点均应绘制在卡片上。将左右灭点放在卡片的最左侧和最右侧边缘。

准备好后就开始画图吧。作图完毕后立刻停止计时，然后在索引卡上记下完成时间、练习版本编号和练习日期。

现在开始画图吧！

佛罗伦斯·诺尔设计的沙发椅。

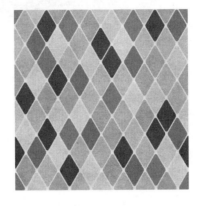

复古菱形图案。

现代风格的落地灯。

场景2的一种解决方案

这是场景2的一种解决方案。现在将你的卡片贴在空白处，并比较你的习作与示例的差别。尽量不要去过于关注绘画风格，重点是评估你的透视、线条、形状和图案演绎是否准确。

你画得怎么样？沙发椅的框架部分画得更快了吗？你绘制的面料图案如何？注意到两个场景练习中绘制面料图案形状和落地灯方法的相似之处了吗？

和场景1一样，你的任务是快速绘图，然后调整沙发椅和落地灯的细节。当然，我知道你一定很想提高所有方面的速度，但是别急，慢慢来。

你可以从不同视角反复练习此草图场景，因为客户很可能希望从前面、后面和侧面等多个方向看到场景的样子。在画面料部分之前，你可以快速地画出三四份沙发椅的草图。你可以在其他索引卡上多次尝试。注意记录时间和日期，把最早的版本放在右边空白处。

完成本图用时9分35秒，作者为吉姆·道金斯。

请将你的习作贴在这里。

第15章
综合运用

概览

祝贺你进入本书的最后一章!

现在你或许已经越来越能熟练地运用在本书中学到的速写技巧了。如果还有些不扎实的感觉也不要担心。即使是专业绘图者也不一定每次都能让作品完美地体现出自己的想法。你可能处于刚刚开始或在初学者中稍微进阶的阶段,因此不必给自己太大压力。

所有人都是学习者。改进的唯一方法就是坚持练习。

有台阶的室内草图,作者为吉姆·道金斯。

回顾之前学习到的技巧

在本章的最后一个场景练习中，我们将会要求你综合运用在之前的场景中学到的许多技巧。请认真地研究示例中的场景草图，回忆一下你练习过的那些特定技巧。即便是很复杂的场景，也不一定需要用上全部绘图技巧。通过之前的练习，你应该清楚在哪里运用哪些技巧，在保证准确性的同时提高绘图速度。

静下心来思考，哪些技巧最适合在构建场景总体框架的前端阶段中使用，哪些适合应用在场景内容的中期工作，哪些技巧可以用于最后草图的收尾工作。前端技巧包括构图、对齐、顶棚的斜坡、水平面的变化等一些确立场景总体框架结构的内容。比较富于变化的顶棚、门窗和墙壁可以通过一系列中间步骤构成。收尾技巧包括线条细节、材质、纹理、对比度、色调、明暗和投影等。

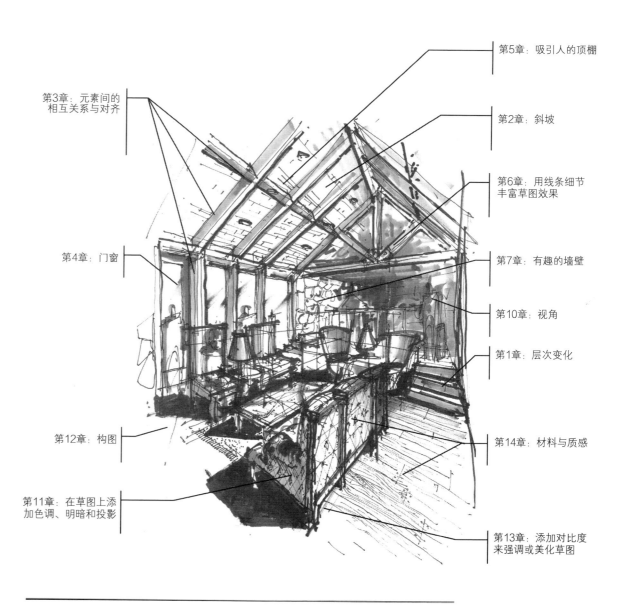

第5章：吸引人的顶棚

第3章：元素间的相互关系与对齐

第2章：斜坡

第6章：用线条细节丰富草图效果

第4章：门窗

第7章：有趣的墙壁

第10章：视角

第1章：层次变化

第12章：构图

第14章：材料与质感

第11章：在草图上添加色调、明暗和投影

第13章：添加对比度来强调或美化草图

我们在本示例中注明了你在书中学到的技巧应该如何应用。作者吉姆·道金斯。

建筑外围

要求你将图示中的酒店大堂旁边的小休息区的装饰风格改造为山村木屋风格。这个空间有一个带木梁和填充物的倾斜顶棚，对面墙的门上方有高大的窗户，还有石墙、长度/宽度不规则样式的木地板、落地窗、大门，以及乡村风格的家具和吊灯。下页是一些辅助你确认整体风格的图片。

请使用本页提供的平面图和内部透视草图为指导，创建这个房间的透视图框架。或者，如果你很有信心，也可以直接开始计时完成本场景的框架和所有细节的绘制。

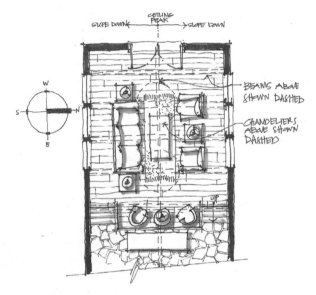

平面图。

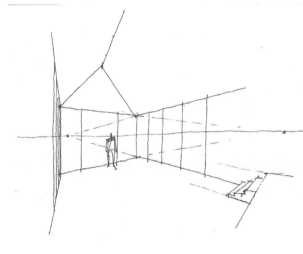

内部透视草图。视角是从东南方向看向西北方向。

客户的要求

客户对这个空间设计有一系列要求。

在这个练习中，客户要求你的草图中需要包含以下元素。大多数元素都在上页的平面图中有所显示。其他元素则需要结合本章第二页的示例图中归纳的各种技巧为客户提出建议。

1.在空间北侧添加两个真皮大沙发、一个边桌和一盏灯。房间中要留出供人行走的通道。

2.在南侧加一个长沙发，沙发两侧有两个带台灯的边桌。

3.在矩形咖啡桌下的木地板上画上一张带有图案的区域地毯（图案自己设计）。

4.在台阶之间的位置放置两张扶手椅，中间有一张摆放了台灯的圆桌。在透视图中你可能需要简洁地表现这个内容。

5.添加一个带椽子的顶梁，椽子的走向与窗户平行。

6.与咖啡桌上方添加两个圆柱形的吊灯。

客户提供了一套他们希望你选用的家具样式图。因为客户希望根据建筑物环境来确定或修改休息区的样式，因此他们选择了一系列觉得比较适合这个空间感觉的样式，这是其中一组。他们希望你在空间中运用这些样式并把它们画出来。

客户需要通过你的草图看到他们的设想，也希望看到你的创意。

扶手椅。

真皮沙发。

老式扶手椅。

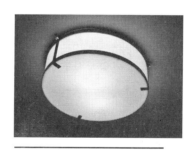

圆形吸顶灯。

木质咖啡桌。

乡村风格的边桌。

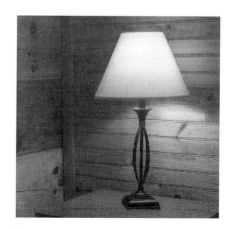

台灯。

绘制解决方案

　　你可能会感到这个场景练习比之前的复杂。因此，这个练习要花上30分钟或者更长时间，请不要对此感到惊讶。

　　一些设计师喜欢在创建透视草图之前先画一个小的平面缩略草图或立面缩略草图，以帮助他们把握整体的空间规划。如果你愿意，也可以在主绘图区旁边画一个这样的缩略草图。我们在之前的章节中讲过，在着手画之前要先在脑海中构建出一个大致的样子。这样你才能胸有成竹、快速、自信地绘图。

　　好了！如果你已经准备好了，就开始绘图吧！这个场景要用两点透视方式完成，视角是从东南方向看向西北方向，观察者站在通向大厅的、由石块铺成的地面上。你可以使用本页的平面图和内部透视草图作为指导，创建房间的透视框架。如果你比较有信心，也可以直接开始计时完成整个场景图。

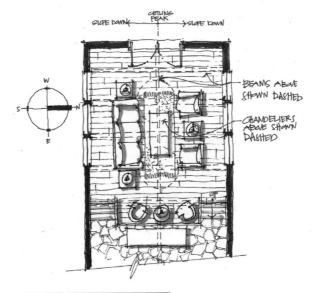

平面图。

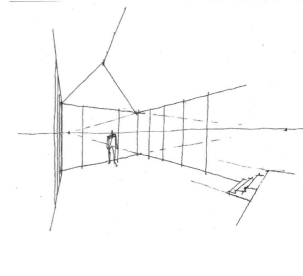

内部透视草图。视角是从东南方向看向西北方向。

在索引卡上作图前，先做好以下准备。

1.用手机或秒表为作图过程计时。

2.在13厘米 × 20厘米的索引卡上画出场景草图，不要为了追求速度而忽略准确性。

3.作图完毕后立刻停止计时，然后在索引卡上记下完成时间、练习版本编号和练习日期。随着时间推移，你会发现自己的进步和速度的提升。

请将你的习作贴在这里。

一种解决方案

　　这是草图的一种解决方案。现在在对页的空白处贴上你的习作并将其与示例比较一下。记住，没有两张草图是相同的。即便是同一个人完成的作品看起来也不可能一模一样。

　　你画得怎么样？房间看起来够大吗？是否能够按照平面图规划的家具位置画出房间的场景？对内部装饰风格的描绘怎么样？尺寸和比例关系是否找准了？是否满足了客户对室内建筑设计的所有要求？

　　用红笔根据比较结果在你的草图上做笔记。标出可以改进的地方，例如线条粗细、透视构图、视角精确度、尺寸、比例、家具和配件的细节等，并且注明可以在哪个环节提升速度。

本图的完成时间约为28分钟。

请记住，即使速写对象或场景比较复杂，你的目标也是要尽快地完成绘图。因为客户很可能希望从多个不同角度比较房间的设计场景，你需要重复绘制草图。所以，在平常的练习中你也要反复画图来提高速度。你可以在更多的索引卡上练习，然后记录下练习的用时和日期，把最新的习作贴在空白处的最上面。

把所有的场景内容都综合妥善处理好可不是件容易的事，你需要多次练习。每次练习开始时你要预想好自己在哪些方面要做出改进。如果你对自己的进度不太满意，请稍后重试。同时进行设计思考和绘制场景并非易事。

如果你已完成15个章节中的所有练习，并且感觉不错，那么就开始本页的练习吧！这样的进度是非常值得庆祝的！现在你有两个选择：（1）把在以往章节的练习中感觉最难的部分总结出来，并通过有意识的练习来解决这些问题，直到技巧表现得更加娴熟；（2）继续下面的速写挑战章节，尝试更多拓展速写技巧的内容。此外，你还可以花些时间研习后面速写图集中的作品。你会看到许多不同的技巧、作品、明暗/阴影的处理方法、不同的线条类型和风格。磨练技艺的最好方法之一就是向他人学习，从别人的作品中观察和学习丰富的内容。

记住，无论什么时候都要养成随手画图的习惯。随着速写逐渐成为你思维表现的一部分，它肯定会帮助你丰富自己的设计思维！

草图水平评估

透过理论审视自己的速写能力：你的绘画水平等级处于什么位置？

恭喜你进入最后一章！

速写中只需要用到水笔、铅笔、纸、手和眼睛，非常简单，就像学习骑自行车一样。但骑自行车这样一个简单的动作也包含了如何保持平衡、如何踩踏板、如何前进和如何控制方向等过程，背后是大量的生物学、物理学和心理学理论解释的支撑。速写也是如此。借助一些理论来评估你的速写能力，让你清楚自己为什么及如何速写是非常重要的。在此，我们将介绍一些专业知识理论来审视和评估你的速写技能水平。

司图瓦特·德雷福斯（Stuart Dreyfus）和胡博·德雷福斯（Hubert Dreyfus）建立了一套有关如何通过正式的指导和练习获取技能的理论（胡博·德雷福斯与司图瓦特·德雷福斯著，2005年版，第779至792页）。他们的理论框架确定了五个级别的技能熟练程度，并将从音乐指挥到会计计算等各种技能的熟练程度要求套用到这五个级别中去。我们认为这个水平等级体系也适用于速写。根据这个理论，最

高级别是"自动"状态。在这个层次里，速写者进入无意识的"动作"伴随支持复杂的自由思维的状态。这个专业知识理论可以解释为什么高水平的速写专家能够很流畅地、快速准确地一边完成草图，一边解释自己的场景设计，并吸引观众的注意力。这就是我们在本书的第2章和第8章中要求你一边画图一边向朋友解释场景内容的原因。专业绘图师将速写过程无缝衔接到整体设计过程中，从利用这个有力的视觉工具来协助、影响设计决策的制定过程和沟通工作，这是技能达到专业水准的重要特质。

或许你发现自己距离专业水准还太远，每次试图快速而准确地速写都很艰难。没关系，特别是速写对于你来说还是个新鲜的技能，或者用来练习的时间不太多的时候，这种感觉是可以理解的！你以前的大部分绘画经验可能仅限于美术课上的静物素描、上学时在笔记本上的涂鸦，或是某些作业项目里画些简单的示意图，要么是给朋友写便条时随便画上的几笔。

那么你的水平究竟处于什么位置？在接下来的几页中，你将通过回答为什么画、如何画等问题来审视自己的速写技能，评估自己的绘画水平。通过这个理论框架来审视自己的速写技能，它的作用在于能够帮你更好地理解自己在实践练习中的成功和失败，懂得调整绘画策略和技巧，这样的练习才能带来最大效果。建议你阅读下面的内容，然后完成后面的简短问卷调查。这可以让你了解自己的速写技能处于什么水平。

第1阶段：初学者

专业技能理论首先从初学者阶段开始。在这个阶段，初学者机械地根据具体的、不考虑前后关联的规则指导来完成动作，就像计算机按照程序设定来工作一样（胡博·德雷福斯与司图瓦特·德雷福斯著，2005年版，第782页）。所以这一阶段的重点是初步了解速写的"规则"，而不必懂得真实或想象的场景中的融会贯通。

初学者开始绘图的时候，按照透视规则一步一步地建立场景框架。这里所说的"框架"是指体现绘图知识的基本系统结构中的一些基本内容和指导原则。这些"框架"让初学者有一个切入点，包括视平线、灭点、真实高度线、比例、人形等。在这样一个以两点透视的角度建立的立体场景里，初学者可以识别构成框架的不同元素，并且在框架中尝试添加简单的新元素。

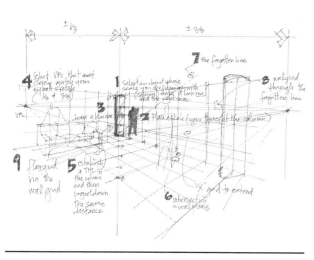

建立简单的两点透视图的基本"规则"。

评估你的水平

在这个阶段，你需要通过将绘图过程融合到设计行为中的练习来建立技能。花点时间仔细考虑这些陈述和下面的问题，分析一下你的速写能力，看看自己是否处于初学者阶段。

1.你在绘图时是否是从简单物体或场景的"骨架"开始的？

□是的。通常你绘制的第一步看起来是什么样的？

_____

□不是。那么你是怎么开始的？你的草图最初看起来是什么样的？

_____

2.你画图的时候是先建立框架吗（像我们在一些章节中学到的那样）？

□是的。你的框架都包含什么元素？

_____

□不是。为什么不用框架？

_____

3.如果你不画框架，那么你在绘制草图的时候遵循什么可以帮助你记忆和重复的规律吗？

□是的。写下你自己的规律步骤。

_____

□不是。那么你最开始会画些什么？请把它写下来。

_____

_____

假如你没有固定的步骤，那么尝试建立一个吧！或许你可以在确定真实高度的房间后在角线旁边添加一个人形。或许可以通过先界定场景的物理边界，然后在草图上的界限内确定视平线和灭点。

_____

_____

假如你对上面几个问题大部分都回答"不是"，并且不太确定的话，你很可能是处于"初学者"阶段。这样的话，本书中的大部分场景练习可能对你来说都比较困难。不过没关系，通过不断练习，你迟早都能进步。

如果你的问题答案都是肯定的，并且也很有自信，说明你可以前进到下一阶段——进阶初学者或更高级别。

第2阶段：进阶初学者

当你不断积累应对实际场景的经验，并开始理解对象或场景的相互关系的时候，你可能开始注意到自己向草图中添加了其他内容。回想一下骑自行车的过程，一旦理解了踩踏板和自行车的移动、平衡的关系，你就可以自己增加转弯、制动和停止等动作。在草图练习中，作为初学者学习到的规则可以让你在经验的基础上为草图添加有意义的新元素。

在开始绘图的时候，请花些时间分析图中包含的信息，这将帮助你养成在绘图的同时进行思考的能力。

在这个阶段，机械训练（反复练习）模式对于打下牢固的基础、增强你不假思索就能做出选择的能力是很有帮助的。速写的重要意义在于强化设计思维。现在你可以通过"再来一遍"的反复训练提高自己的速度。

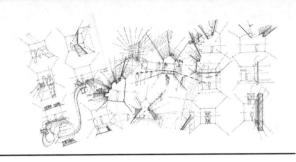

速写训练和刻意练习为高效的设计速写打下坚实的基础。

评估你的水平

如果你处于进阶初学者阶段，那么你将毫无困难地回答下列问题（大部分答案应该为"是"）。

1.你速写时依赖一套"规则"吗？

□是的。你最常用的是哪些规则？你遵循的步骤是什么？

_____

□不是。你如何建立自己的速写规则?哪些步骤在你的速写过程中配合起来最有效？

_____

2.画好框架以后你会做些冒险尝试吗？

□是的。哪些冒险是你最喜欢的？

_____

□不是。为什么？

_____

你能想到哪些冒险尝试可以帮助你在保持准确度的前提下提高速度吗？请将它们写在下面。

_____

3.你每天都留出专门的时间练习草图吗？

□是的。每天留出多少练习时间？或者说除了每天的必须工作之外还有多少时间可供你练习草图？你每天有固定的一个或几个练习时间吗？

_____

□不是。什么原因造成你不能规律地练习草图？想出几个简单、可行的办法让你能够建立每天规律练习草图的习惯，并将它们列在下面。

_____

4.你愿意反复练习同一个草图以获得改进吗？

□是的。为什么？

_____

□不是。为什么？什么原因导致你明知反复练习能够提高技能而不去做呢？

_____

有没有什么办法能让你愿意反复多次练习同样内容以取得进步？把你想到的办法列出来。

_____

如果前面的很多问题你的回答都是"是"，那么你或许属于下一个阶段"基本具备能力者"，甚至更高阶段。

第3阶段：具备基本能力者

随着经验的积累，你会开始意识到速写中有越来越多可能相关的元素和步骤可以选择。尤其是在你想提高绘画速度的时候，这很容易让你感到无所适从。在这种情况下，速写可能会让你感到困惑并且很疲惫。你很想知道别人是如何掌握速写这个技能的。应对这种超载感和实现基本能力的方法就是制定计划——确定场景中哪些元素是重要的，哪些可以忽略（胡博·德雷福斯与司图瓦特·德雷福斯著，2005年版，第783页）。

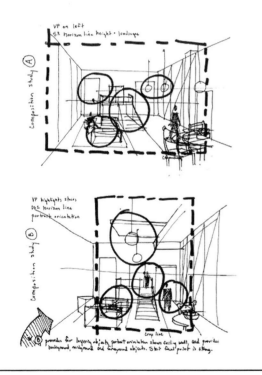

过滤，选择草图中的元素，并对其重要性进行排序。这么做可以帮助你画出意义更明确、完成速度更快的草图。

这个阶段在速写过程中制造了一场"完美风暴"。在这里，速度仿佛成了一个方程式中的变量，你感觉到自己仿佛在处理一个多变量微积分问题。刚开始的时候，透视草图只是基于视平线、高度线、比例和灭点等基础知识的一件工作，但马上你就不得不面对设计理念中出现的墙壁、地板和顶棚等元素。为了丰富设计主体内容，又必须添加如窗户、门和家具等其他元素。此外，你还想在材质、纹理、明暗和阴影方面更有层次感，以清晰地传达与场景相吻合的氛围。这些变量让你想要又快又准确地画图的愿望变得难以实现。

当你渴望变得更好、更快，而自己的能力似乎还不能让这两个目标兼得的时候，就容易产生挫折感。现在是时候停下来，深吸一口气，回顾一下成功的原因，并寻找、掌控在绘画过程中的必要方法。

在基本能力者阶段，你要认识到速写技能的发展可能是一个漫长的过程，这一点非常重要。想一想下面这些"有能力者"的经历。

1.老虎伍兹（Tiger Woods）作为当代最了不起的高尔夫球手，花费了多年时间练习，才在高尔夫球界拿到冠军。

2.美国国际象棋大师鲍比·费舍尔（Bobby Fischer）从很小就开始学习象棋，勤学苦练并师从很多世界著名的棋手。

3.甲壳虫乐队是20世纪最有影响力的乐队。他们在20世纪60年代走红之前在德国汉堡的夜总会驻场，几乎每天都要演出。他们利用这个机会每次都尝试不同的solo和加长歌曲，以磨炼自己的音乐技巧。

要树立信心。只要你规律地练习，就一定能在前面提到的框架或其他方法的基础上打下速写的基础。但是这需要时间，而且需要一定程度的耐心和容忍度。保持严谨的训练，最终你将享受速写带来的回报！

这本书可以帮助你有规律地练习。在完成本书15章的场景练习后，你可以回过头来在每个场景的基础上添加更多元素或做些变化来挑战自己。"速写挑战"这个章节会告诉你该怎么做。

评估你的水平

1.你的速写练习规律吗？

□是的。你的练习频率和每次练习的时间是多少？

_____

□不是。为什么？是什么原因导致你不能规律地练习？

_____

_____

2.你的练习是"刻意"的吗？所谓刻意就是每次重复练习的时候要注意在特定的弱项上进行改进，比如建立速写框架、改善线条结构、渲染明暗和阴影等。

□是的。练习频率最高的是哪些方面，为什么？

_____

□不是。为什么？

_____

_____

　　思考一下你学到的速写技巧，哪些方面可以通过规律、刻意的练习获得改进？请列在下面。

_____

_____

3.你在速写时喜欢冒险吗？就是随意地画，跟着感觉画成什么样就是什么样。

_____

□是的。你喜欢什么样的冒险？在哪些步骤上你会"跟着感觉走"？

_____

_____

□不是。为什么？

_____

_____

　　你能想到在哪些速写步骤上冒险是最简单的方法？请列在下面。

_____

_____

　　如果你不敢跟着感觉走，也不愿意通过冒险对速写内容进行创造性的演绎，那么你会很难将个性化的想法和感受通过速写传达给别人。德雷福斯二人在相关著作（胡博·德雷福斯与司图瓦特·德雷福斯著，2005年版，第785页)中提醒我们："一般来说，如果只想跟着普遍规律画，练习者很难从基本能力者阶段再有所突破。"

4.你在工作中投入感情吗？

□是的。你一般在速写中能感受到什么情绪？

_____

□不是。是什么令你不能将情感投入到速写中去？

_____

_____

　　反思一下，试想在哪些方面注入情绪会让你的速写有所改善？请将它们列在下面。

_____

_____

　　德雷福斯二人的理论（胡博·德雷福斯与司图瓦特·德雷福斯著，2005年版，第786页）强调："只

有在基本能力阶段，在选择行为的时候可以注入情感。"或许，假如你更加投入，愿意做一些适当的冒险，将自己视为设计创意的主人，你会更愿意"再来一遍"。请反复练习，直到你画对了为止。在速写中投入感情会让你更愿意进行有意义的、反复的刻意练习。而这种练习反过来也会让你对速写产生感情。

　　显然，随着不断积累成功的正面情感体验，你的技巧也会不断提升。你在创意中捕捉到的情感元素要求你画图时和思维同步。这就好像开车的同时要看路一样，无所顾忌地飙车会出事故，但通过刻意练习，则会从速度中获得很多快感。

5.你将速写视为个性化的活动吗？

□是的。为什么？

_____

□你认为你的速写在哪方面是个性化的？

_____

□不是。为什么？是什么令你不想让速写变得个性化？

_____

_____

　　有时候速写效果不能令你满意，但有时候你觉得非常的棒。这是个好的现象，说明你开始在乎这件事情了。在这个阶段，把工作当作是个人的事情，对于速写是有好处的。为失败感到难过，为成功欢欣鼓舞。德雷福斯二人的理论（胡博·德雷福斯与司图瓦特·德雷福斯著，2005年版，第784至786页）认

为："问题不在于分析一个人的错误和洞见，而是让它们沁入这个人的内心。"当你因速写画得不太好而对自己感到失望是没关系的。应当将这种失望转换为"哦，又学到一次，再来一次吧"，或"上次那个方法不错，为什么在这次不好使了呢？"

请记住，速写是绘画过程的一部分，而不是最终的产品。这是达到目的的手段，而不是可交付的成果。因此，速写要尽量简单，经过思考选择适合一个场景的特定元素。速写的目标是快速说明设计想法（或各种备选的变化方案），以便可以对其他设计方案进行评估，而不是对草图本身画得如何进行评价。

培养绘画能力，特别是速写能力，需要你超越对规则的遵守，而达到凭直觉行动的水平。如果你通过严谨的技巧构建起良好的速写直觉、更多地了解速写中的各种变量、适度让情感参与进来，那么你对于画什么和怎么画的良好感觉将使你能够快速传达自己的设计理念。

前面的问题对于你来说可能很难回答。不过没关系，不要把这个负面情绪带到你的速写世界中去！关键是要尽量努力来回答那些答案为"是"的问题的后续解释。对于选择"不"的问题要继续探索答案。在笔者来看，积极寻求问题的答案表明你渴望找到解决方案并试图将它们应用于工作中。这是通往下一个阶段"熟练者"的一个十分必要的步骤。

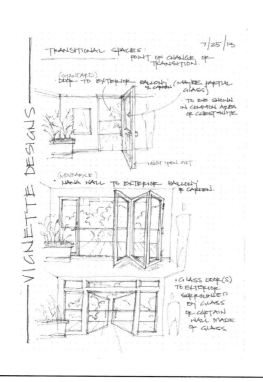

速写只是工具，而不是目的。示例作者阿曼达·克利夫兰。

第4阶段：熟练者

专家级的速写者能够掌握草图的全局，而不是必须考虑实现最终目标的一个个步骤。但是，对于熟练级别的速写者来说，仍然需要培养自动反应和适度回应的能力。你仍然需要依靠自己的能力来自主决定怎么做，如何生成和发展草图内容，而不是像初学者级别和进阶初学者级别那样仍然要依赖既定规则。在这一点上，作为熟练级别的速写者不能把时间浪费在分析自己的行为上；相反，你必须积极强化自己的"直觉"，瞬间作出决策和下笔的决定。熟练级别的速写者必须脚踏实地，用"直觉反应"代替"理性反

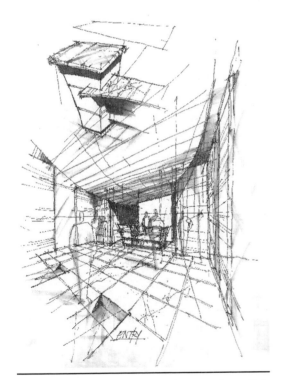

典型熟练级别的速写者的一幅难度更高的作品。作者吉姆·道金斯。

应"达到流畅的作图（胡博·德雷福斯与司图瓦特·德雷福斯著，2005年版，第786页）。

德雷福斯二人的理论（胡博·德雷福斯与司图瓦特·德雷福斯著，2005年版，第786页）还认为："只有初学者和进阶初学者的那种没有真正融入的、完全依靠接受信息的方式被真正的参与感取代，学习者才能进一步提升能力。这样，无论是正面还是负面的情绪体验都会增强成功反馈和抑制不成功的反应。"

在第4阶段，熟练者可以在速写中享受一种愉快的感觉。通过确认哪些技巧的应用可以带来愉快的结果，哪些带来痛苦的错误，学习者可以逐渐找到自己的速写直觉。对于熟练级别的速写者来说，迅速、准确地完成一幅草图——线条、明暗、阴影、场景氛围等都做得很好的时候，会在心中产生良好的感觉。你的草图会看起来更鲜活、更有个性，能表达你对一个设计或实景的印象。

评估你的水平

1.你画图的时候，是否认为与其为了保证准确度而一直考虑各种规则和原理不如有了想法就先画下来，哪怕是胡乱地涂鸦的感觉更快？

□是的。描述你在一个具体案例上的体验。为什么会画得很快？

_____

□不是。为什么？

_____

_____

思考你可以在速写的哪些步骤提高效率。熟练在于能够认知，能够提高速度、拓展绘画直觉，并能产生更多设计思维的、为绘画过程带来流畅感的行为细节。

2.你在日常速写训练中有没有结合重复性的速度练习？

□是的。你用什么方法练习以提高速度？

_____

□不是。为什么？提高速度是否妨碍了你绘图的精确性？

_____

和竞技比赛（如10千米赛跑或马拉松）的训练一样，为了提高熟练度，进一步的技能拓展依赖于在练习中加入速度训练。速度训练会促使你对草图的创建和发展作出直觉反应，而不是总去查询、依靠理论规则和框架。你的目光应该望向你要达到的目标。

3.你在速写的时候是否全情投入？

□是的。你有什么避免分散注意力的办法？用什么办法保持注意力？

_____

□不是。是什么让你没法专注的是，嘈杂的环境、电话、短信，还是社交媒体？

你能做些什么，比如给自己提供一个能够全神贯注地练习速写的环境？

作为一名熟练级别的速写者，你应该努力进入一种"行动中"而不是"思考中"的状态。德雷福斯二人的理论（胡博·德雷福斯与司图瓦特·德雷福斯著，2005年版，第786页）谈道："假如学习者只理解到需要做什么，而不是通过一系列计算过程来权衡选择几种可能的方案，他的压力会更小，行动也会更容易。"在这种状态中，你将迫切地想要通过情绪化的图形表达自己的想法，用视觉传达取代语言来描述一个想法或一种感觉。

概念常常是抽象的，很难捕捉，也很难描述。但我们最终必须以他人可以理解的方式来描述概念。念头转瞬即逝，必须立即抓住它们。一个想法中带有情绪的部分往往在我们捕捉它们之前最先消失。熟练级别的速写者不仅要"看到问题"，还需"找到答案"（胡博·德雷福斯与司图瓦特·德雷福斯著，2005年版，第786页）。

第5阶段：专业级别的速写者

　　回顾前四个阶段后你会发现，在时间、练习、专注力、更多时间、刻意思考中，"更多时间"是通往专业级别的基石。在德雷福斯二人的理论（胡博·德雷福斯与司图瓦特·德雷福斯著，2005年版，第786页）中提道："专业级学习者拥有大量实践判断经验，他们不仅知道自己要实现什么样的目标，还知道应如何实现目标。他们能够作出更微妙和更精确的判断，这就是专业级学习者与熟练级学习者的区别。"

　　到了这个阶段，你就能够以非常快的速度处理线条和形状了，并且可以将客户的建议和要求立即反馈在草图上。在你的内心已经不能区分何时在思考、何时在讲述你手中的草图，这正是达到心、手、口合一境界的体现。你的直觉将帮助你作出各种判断，从而使你的设计解决方案能在短时间内被展现出来。

　　到这里，速写者似乎已经达到了顶峰，没有必要进一步拓展自己了。然而，此时正是速写者开始微调自己绘画行为的新旅程的起点。总会有改善的余地。想一想前面提过的老虎伍兹、鲍比·费舍尔和甲壳虫乐队的例子。他们都达到了各自领域的最高境界。专业级别的速写者仍然要不断磨炼自己的能

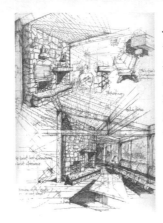

专业级别的速写者可以代入其他专业人士的成果，而不必亲身体验绘画的每一次成功或失败。他们不是创建规则的专家，而是运用规则的专家。

力和技术，不断完善自己的绘画水平。

评估你的水平

　　你在速写中体现出多少专业行为？

1.你在速写时会不会从多个视角反复考虑一个场景并反复琢磨其中的细节？

□是的。写下你经常会琢磨的一些速写细节或步骤。

_____

_____

□不是。为什么？

_____

_____

2.你经常研习其他速写专家的作品以修正和改善自己的绘画作品吗？

□是的。你最欣赏谁的作品，希望借鉴他们哪方面的优点？

_____

_____

□不是。你为什么不去利用其他专业速写者和画家建立的丰富的速写技巧宝库呢？

_____

_____

3.你和同事、指导者或其他速写专家交流过有关一边画图一边思考、评估的速写技巧吗？

□是的。你从这类交流中学习到的最重要内容是什么？

_____

_____

□不是。你为什么没有从公认的速写专家那里寻求帮助呢？

_____

_____

　　专业级别的速写者在任何一种情况下都懂得判断什么可行、什么不可行。他们对速写有着情感的投入和成功的体验。"专业级别的速写者不会去算计或解决问题，甚至不用思考，他们只是把通常有效的方法展现出来。"（胡博·德雷福斯与司图瓦特·德雷福斯著，2005年版，第788页）。

4.在你速写的时候，你手中的笔是否遵从你的内心，自然流畅地画出你想要表达的内容？

□是的。很棒！请举些你创作过的随心所欲的案例。

_____

_____

□不是。这个回答也没问题。要不你为什么需要这本书呢？

_____

_____

结论

通过速写进行有效的图形设计交流，要求速写者处在"实时"状态，类似于爵士乐或布鲁斯音乐家在演出中根据音乐的实时感觉或"氛围"，结合乐队各个部分的情况动态进行的创作。他们的反应是适应性的、即兴的。速写者的这种即时决策能力是建立在初学者和进阶初学者阶段的基础之上的。在设计者思维产生的那一瞬间，他的行动就已经跟上了。而对于专业级别的速写者来说，思考和动作是同时发生的。

许多语言专家可以在多人同时讲多种语言的时候进行同声传译。专业级别的速写者绘画时相当于同声传译。在这种过程中，速写者不需要在头脑中将思想翻译成绘画的语言后再表达出来，而是同时进行。对于专业级别的速写者来说，"必须要做的事情就这么水到渠成，很简单"！（胡博·德雷福斯与司图瓦特·德雷福斯著，2005年版，第788页）。他们是以思考的速度进行速写，而无须放慢速度去想自己在做什么。

对我们来说，有些原理是比较清楚的：速写涉及理解、行动、在思考的同时采取有效行动等复杂认知过程。对这几个专业能力培养的阶段加深理解可能会帮助你回答几个问题：作为速写者，你为什么会以某种方式思考问题；为什么在某些地方容易失败或成功，以及为什么在达到熟练速写目标的道路上会遇到各种心理障碍。

无论你发现自己属于什么阶段，你的目标都是（通过速写）找到问题的解决方案，而不是只注意那些用来解决问题的规则。对于冒险性尝试要有信心，这样你一定会提高绘画速度和准确度。只要持之以恒地练习，你就一定会在绘画旅程的某个时刻突然发现，速写不是一场需要算计的赌博，而是你一定会有所收益的投资！

参考书目

司图瓦特·德雷福斯与胡博·德雷福斯著，2005年，《外围视野：真实场景中的专业技能养成》，《组织学研究》,26(5): 第779-792页.

草图图集

欢迎来到草图图集章节！很多草图都成功地传达了设计师的想法。本章收集了来自各种不同专业机构的室内设计师和建筑师的草图作品。

图集的内容多样化。一些草图是现场写生；有些是设计概念图；有些是初稿草稿；有些是用描图纸创建的比较干净的速写图。仔细研究这些作品，找到它们的成功之处并借鉴到自己的作品中，以改善自己的个人风格。

意大利圣吉米纳诺，作者为吉姆·道金斯。

乔丹·莫泽尔（Jordan Mozer）

——乔丹·莫泽尔合伙事务所及LTD + Mozer
工作室主任

　　概念草图通常是美妙的创作。但它的力量并不
在于精湛的绘画表现力。概念草图代表了设计师通
过绘图进行思考的过程。

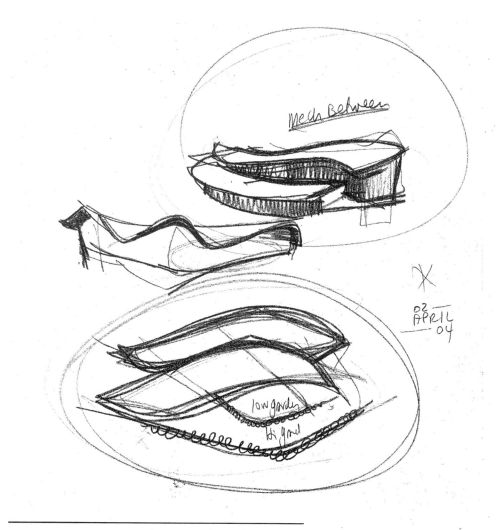

建筑外形构想图。

在设计一个对象的多个版本、多种组合及不同应用场景的时候，草图是必不可少的工具。通过速写可以同时尝试和比较不同的草图方案，并清楚地看到各种设计效果。

在速写图上加一些文字注释也可以帮助绘图者记录每个想法背后的原因。虽说千言不如一图，但有时候用文字记录一下相关的设计想法还是有必要的。

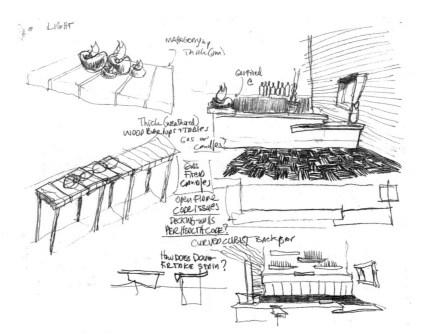

餐厅设计草图。

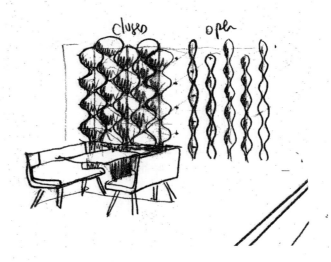

餐厅座位区设计草图。

陶德 · 柏盖思（Todd Boggess）

——E．T．柏盖思建筑公司总裁

旅行速写，有时也被称为观察速写，是培养速写技巧的好方法。如果你正在旅行，日程也很紧，那这正是挑战自己草图速度的好时机。你得学会在相对紧凑的时间里选择场景中最显著的特征，以便准确地记录它们，然后快速地运用烘托环境的技巧为速写内容创建背景。

意大利热那亚市中心建筑一角。

意大利热那亚山上的斯贝罗纳城堡。

意大利热那亚圣贝尼诺大道。

保罗 · 艾伦 (Paul Allen)

——dwell设计事务所主任

快速捕捉小细节或建筑物的某部分可以帮助客户、承包商和顾问了解你的设计意图，而不必查看完整的内容。特别是当目标建筑物体量巨大，或者是一个相当长的走廊，再或者只需要说明建筑物外立面的行人大小的部分特点的时候，这种方法可能特别有用。

建筑地下车库入口。

建筑一角。

门厅/入口。

蒂姆·怀特（Tim White）

——佛罗里达农业机械大学建筑系教授

观察性速写是使用对比元素（如人物、台阶、树木和其他与行人比例相关的元素）来研究比例和尺寸的好方法。

阿维尼翁剧院。

罗伯特·J.克里卡克 (Robert J. Krikac)

——华盛顿州立大学设计系室内设计专业副教授

"在大部分作品中，我都努力通过用草图表现出建筑环境。我觉得自己常常对一些东西视而不见，直到我开始画草图，才发现这种与周围世界建立联系的新方法让我看到了很多一直以来没有注意到的美和细节。尽管有些东西我可能已经看似了解了，但直到用画笔探索它的时候，我才真正地在更深的层次上理解了它"。

圣母大教堂东面立面图。

蒙特V酒店大堂。

吉姆·麦克奥利弗（Jim McAuliffe），美国建筑师协会

——该草图创作于作者在佐治亚州亚特兰大的卡尔佩帕-麦克奥利弗和米德斯事务所(C+TC Design Studio, Inc.)任主任期间

　　设计的构建和安装有时会成为一种挑战，特别是当现场条件可能干扰设计思路的时候。在这种场合，速写可以根据现有情况清楚地说明设计意图，从而减少承包商/安装人员的等待、误解和工程进度的延误。

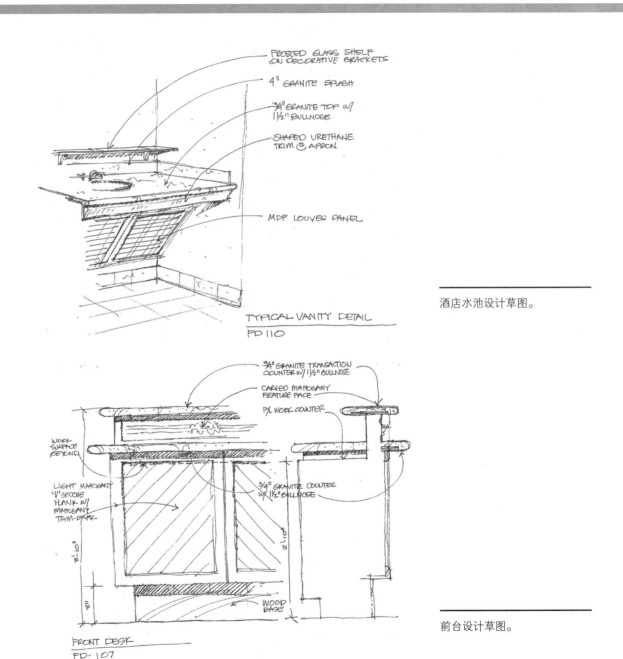

酒店水池设计草图。

前台设计草图。

草图可以为更正式的内容渲染背景。在这里，构图是最重要的。前景、中景和背景的发展对于传达空间的深度和广度至关重要。此外，熟练地运用线条有助于设计师在视图中构建良好的结构并表现重要的设计细节。

酒店大堂。

瑞克·拜楠（Rick Bynum），美国建筑师协会

——拜楠建筑事务所

　　概念草图可以很快地说明一个住宅改造项目的设计理念，让房主"看到"房屋改造后的样子。

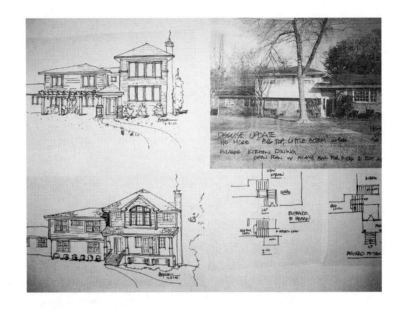

住宅改造项目的设计创意图。

房屋扩建的设计草图。

旅行速写对于设计师和建筑师来说既是个人的需要，也是职业的需要。一方面，可以记录设计师看到的重要建筑、内饰、风景等。另一方面，也可以展现设计师在学校学到的关于捕捉和提炼真实场景的基本功。

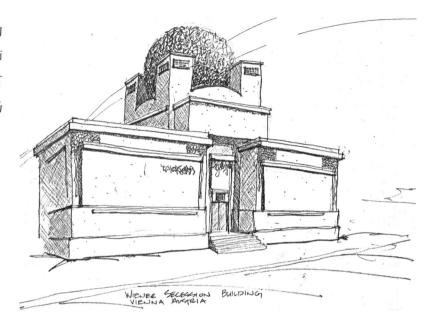

奥地利维也纳分离派展览馆。

意大利卡莫里的建筑。

泰迪·费拉齐奥（Teddy Feracho）

——Golden Lighting事务所高级设计师

在吊灯等订制设计产品的设计研发过程中，草图是非常有用的。通过草图可以反复探讨一个零件的具体设计细节。

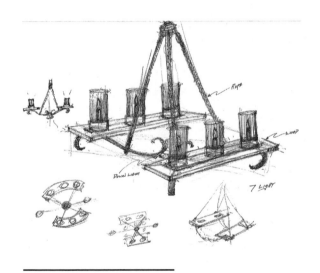

蜡烛吊灯设计研讨图。

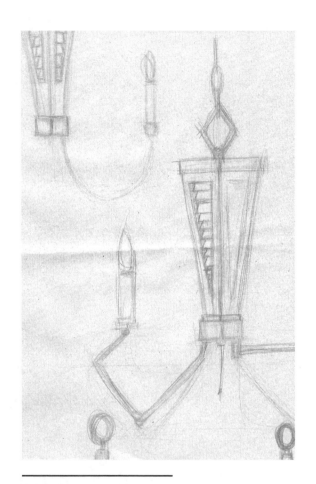

吊灯设计图。

草图经常会演变成一种图形工作文件。虽然这些草图不会成为最终委托合同文件中的内容，但如果用来记录客户的各种要求及制造、安装过程，则是一种很好的"历史文献"。

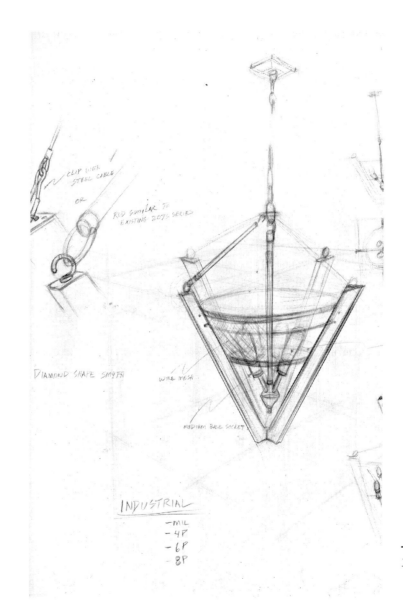

工业灯具装置细节图。

罗伯特 · 沃克（Robert Work）

——科罗拉多州立大学设计与行销学系

"绘画就像游泳一样，你可以坐在甲板上谈论如何游泳，可以讨论游泳背后的各种哲学，你还可以看别人游泳，但如果自己不下水扑腾扑腾，就永远学不会游泳。"

聚会空间草图。

吉尔·帕布罗（Jill Pable）

——佛罗里达州立大学室内建筑设计系教授

　　草图可以成为向企业客户推荐创意方案的关键组成部分，并帮助客户和他们的投资方在项目开始建设之前充分了解项目的可行性。此外，清晰展示设计意图的优秀草图可以避免在安装作业时出现失误。

走廊概念设计草图。

走廊实景。图片由克雷蒙斯·卢瑟福特公司提供。

这是张流浪人员避难所内部的走廊初步草图，它显示了设计师早期的一些关于照明和布告栏的设计想法。在后来的实际施工中将照明灯具的高度提高了，并安装了窗户，没有安装布告栏。其他元素则保存下来，如迎宾地毯脚垫和整体配色。

走廊概念设计草图。

走廊实景。图片由克雷蒙斯·卢瑟福特公司提供。

吉姆·道金斯（Jim Dawkins）

——佛罗里达州立大学室内建筑设计系副教授

画观察性草图是很有趣的，它不需要满足其他功能，只要有趣就好。然而，速写可以作为超出观众感知的一种观察手段，也就是抓住一两个对你有意义的细节，而这些细节在别人眼里或许只是不错的线条。

巴黎圣母院。

"我有个习惯就是随时随地进行速写，不管在哪里，不管什么时候，不管正在干什么，也不管画在什么东西上。当然，如果是在开会、研讨，或是有人在演讲，我尽量不给别人带来干扰。事实上，有研究表明，速写有助于集中速写者的注意力，使他们更关注他人的演讲，并更容易记住相关的话题。教堂圣所这幅草图是我在做礼拜的时候画的，我画的时候尽量保持低调、不引人注意。牧师开始布道的时候，我妻子轻轻用胳膊碰了我一下，我只好停下了。"

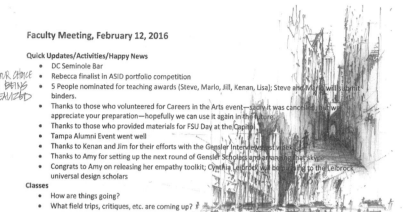

Faculty Meeting, February 12, 2016

Quick Updates/Activities/Happy News

YOUR CHOICE IS BEING REALIZED

- DC Seminole Bar
- Rebecca finalist in ASID portfolio competition
- 5 People nominated for teaching awards (Steve, Marlo, Jill, Kenan, Lisa); Steve and Marlo will submit binders.
- Thanks to those who volunteered for Careers in the Arts event—sadly it was cancelled, but we appreciate your preparation—hopefully we can use it again in the future.
- Thanks to those who provided materials for FSU Day at the Capitol
- Tampa Alumni Event went well
- Thanks to Kenan and Jim for their efforts with the Gensler Interviews last week
- Thanks to Amy for setting up the next round of Gensler Scholars and arranging that skype
- Congrats to Amy on releasing her empathy toolkit; Cynthia Leibrock will be speaking to the Leibrock universal design scholars

Classes

- How are things going?
- What field trips, critiques, etc. are coming up?

Strategic Discussion

在系教师会的会议日程表上的（认真而不是无心的）草图。

沸腾泉施洗教堂，信封背面的草图。

草图可以用来研究同一个地点的各种尺度、各种视角的场景。或许它们被画在整张纸上，或许是画在纸的一角，但绝对不是电脑屏幕上几个各不相干的页面窗口。在一张草图纸上可以按顺序依次绘制观察设计图、平面图、立面图和细节，这样可以整体通览全部草图。这对于协调和管理设计意图是非常有效的。

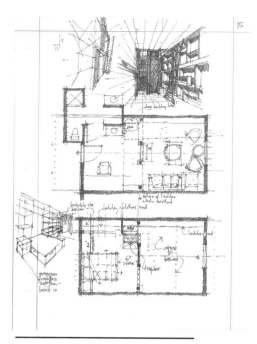

一个阁楼式住宅的室内设计草图。

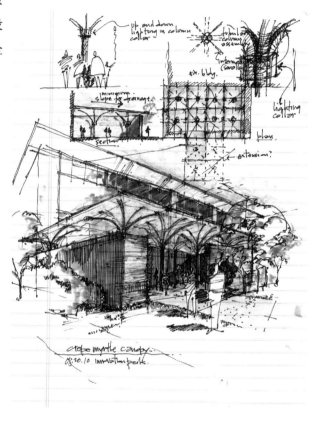

一个装卸码头空间的填充项目概念细节草图。

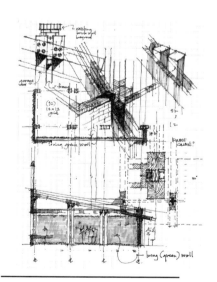

一个室外围场的速写图。

詹姆士·肯尼（James Kenney）

——萨克拉门托加州州立大学设计系室内设计教授

这幅草图是詹姆士在意大利写生时创作的。下面的实景照片显示了真实的样子和视角。

帕拉迪奥的埃默庄园。

埃默庄园实景照片。

史蒂夫·麦克埃文（Steve MacEwen）

——佛罗里达环球工作室

本图在主要物体背后加了背景框，让注意力更好地聚焦在展示柜上。

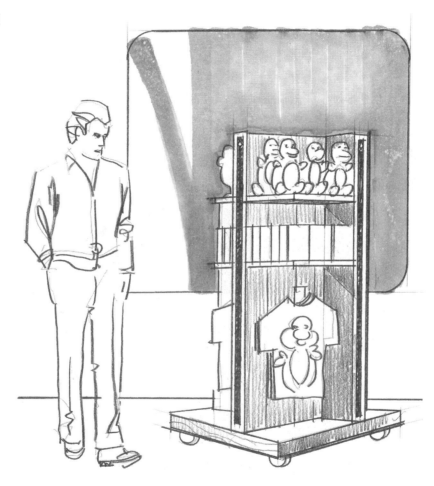

一个零售展示柜草图。

草图挑战

欢迎来到草图挑战章节！这一部分将为你提供更多拓展和延伸速写技巧的机会。你可以把在之前那些章节中学到的技巧结合起来，为团队和客户制作更丰富、更引人注目的场景草图。

在前面的练习中，你只将注意力集中在了单一的技巧上，比如色调、明暗和阴影，或者场景中元素的平行、对齐等。现在挑战的时候到了。你要把所学的技巧综合运用到一个场景中。如果你尚未完成本书的场景练习章节，那么最好先把所有练习章节完成，再开始接受挑战。

每个挑战都会要求你在一个全新的场景草图中运用以前学过的各种方法。在创建草图时你可以有多种选择，如一点或两点透视、房间如何布置、顶棚高度等。随后本书会给出一个示例供你查看和比较。这部分的场景比以前的练习场景更加复杂，有更多变化。所以你的解决方案不可能看起来和示例一模一样。当然，这是件好事，因为你本来就和示例的速写者是两个完全不同的人！重要的是你要确保在草图中正确把握了透视关系、构图、明暗和阴影，以及场景中人物效果的处理。

这些场景更复杂，画图的完成时间肯定会更长。你不必计时，这样你可以从容地在画图的同时开发设计创意。不过，这里的所有示例都是作者在45分钟之内完成的。这个时长也应该成为你的最终目标。

下面是五个可供你选择的速写挑战。

创建一个起居室。

用植物元素让建筑在场景中更自然。

让办公室更个性化。

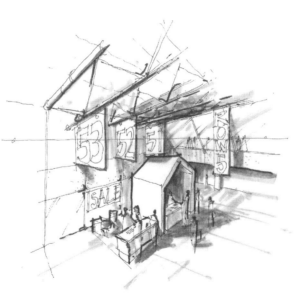

综合运用多种草图技巧表现从阳台角度观
察一个会展中心大厅的场景。

用一个奥丁神殿祭坛场景探索明
暗、阴影、灰度、质感和材料。

创建起居室

在这个挑战中，要求你创建一个起居室。以第4章中出现过的一个场景为基础，大幅扩大和装饰场景，使它成为一个令人愉快的生活娱乐空间，在这个场景中拥有室内建筑结构、家具和质感。

在此列出了在第4章中出现的门、窗的平面图和立面图。

两点透视图（如第4章中一样）可能是表现这个空间特征的最好方式。用13厘米×20厘米或21.6厘米×28厘米的纸画图，不要用更大的纸，否则处理起来会变得麻烦。水笔的粗细用两到三种即可，最细的笔用来画出草图的"骨架"，如视平线、灭点和框架。然后换更粗的笔来增强边缘线，并勾出轮廓线。关于线条粗细的问题我们在第6章中讨论过：用线条细节增强草图。

添加下列附加元素。

1.一处飘窗设计，可以将窗户下方设计成沙发椅。我们在第7章中讨论过飘窗设计：有趣的墙壁。

2.添加有趣的带有天窗的顶棚设计，可以参考第5章：吸引人的顶棚。

3.沙发椅和用来放书、饮料的小边桌，绘制方法和第10章中的起居室场景类似。

4.添加布艺、小块地毯和其他一些附件，让这个空间更有生活气息。

现在开始画图吧！完成后翻到下页和示例图进行比较。

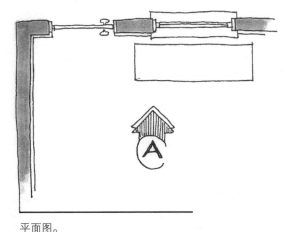

平面图。

立面图。

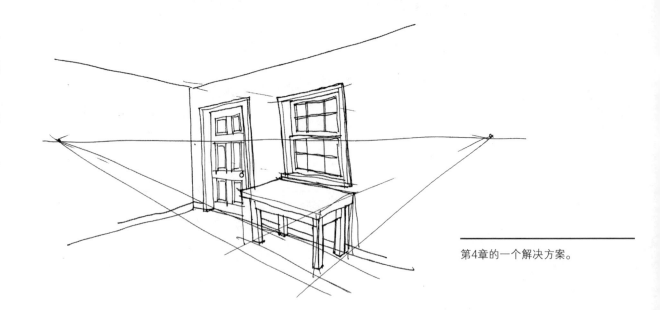

第4章的一个解决方案。

起居室的一种解决方案

这是起居室场景的一个示例。

对于较为复杂的场景来说，轮廓线非常有用，可以将物体的形象勾勒得较为坚实、突出。

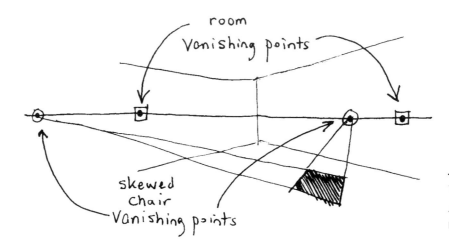

可以在视平线上用另外两个临时灭点来创建场景中未处于90度角关系的物体（如此处显示的椅子）。

本图用时约40分钟。作者为吉尔·帕布罗。

创建带有植物的室外场景

虽然大部分场景练习的技巧主要针对建筑内部，但其中的许多技巧也可以应用于室外场景。随着对商业和住宅项目中户外空间重视度的提高，掌握室外场景速写技巧也越发重要了。例如，第2章的倾斜顶棚画法也可应用于建筑物倾斜的屋顶。在讨论植物画法的章节中学到的内容既可以用来画室内植物，也可以用来画室外绿化。在第3章中学习的如何在透视图中对齐元素的方法也可以在这里用上。

本页提供了一个小教堂的平面图和外部立面图。虽然在平面图中只显示了两棵树，但教堂处于森林中，因此，场景中的近景和远景均可大量使用植物。

在两点透视图中可以显示建筑物的正面和一个侧面。用13厘米×20厘米或21.6厘米×28厘米的纸画图，不要用更大的纸，否则处理起来会变得麻烦。水笔的粗细用两到三种即可，最细的笔用来画出草图的"骨架"，如视平线、灭点和框架。然后换更粗的笔来增强边缘线，并勾出轮廓线。关于线条粗细的问题我们在第6章中讨论过：用线条细节增强草图。

在场景中添加以下附加元素。

1.正面的环形人行道，教堂前的喷泉。在这里添加多个人物。

2.可以将人行道环绕教堂或是延长到其他地方。

3.添加明暗和阴影，使场景更具戏剧性和真实感。

4.为了强调小教堂处在森林中的特点，可以通过构图或给视图增加框架元素的方法，让观看者有穿过树木或植物来观察小教堂的感觉。

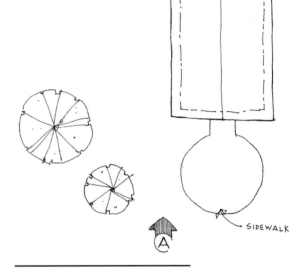

平面图。

立面图 A。

倾斜的屋顶

例如，在第2章练习过的倾斜顶棚的画法可应用于建筑物倾斜屋顶的绘制中。本页提供了一个两点透视的场景基本框架图。你可以用类似的框架发展自己的草图，还可以从不同的观察角度构建透视图。你可以在示例中看到喷泉的轮廓。

屋顶前沿的角度可以通过在现有的左灭点上画一条垂直线，然后在这条垂直线上设定一个灭点，参照这个灭点确定倾斜屋顶正面和背面屋檐的角度。与此原理相同，通过在右灭点上画垂直线和设定灭点来确定另外一侧的屋檐倾斜角度。

现在开始绘制你的场景草图吧！完成以后可以翻到下页查看解决方案。

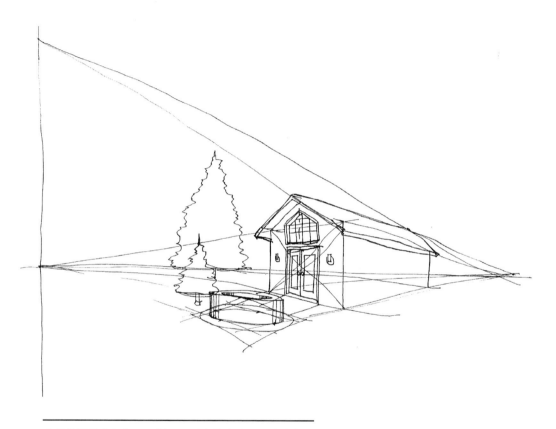

小教堂场景的框架图示例。用垂直线上的灭点来确定屋檐倾斜的角度和方向。

带有植物的室外场景的一种解决方案

本页是一种解决方案示例。

请注意，作者在教堂的墙壁上使用了密集的线条来增强阴影，它将观众的注意力集中在教堂建筑上。通过这种形式可以提醒观众应该先看哪里，然后再去审视其他细节的信息，例如视线越过的树和远处的森林。所以在构图和处理明暗时要始终牢记场景的主要绘制目标，并且将目标物体突显出来。

本图用时37分钟左右。作者为吉尔·帕布罗。

创建个性化办公室

在这个场景挑战中，要求你创建一个令人愉快的、有吸引力的个性化办公室。办公室是每天有很多人要在一起度过八个多小时的空间。办公室的设计者都明白，好的办公室设计所营造的环境可以减少员工缺勤和跳槽等现象。

在第6章"用线条细节强化草图"中曾出现过这个办公室的平面图和立面图。你将在这个基本空间设定的基础上创建场景，并增加更多细节，使空间变得具有亲和力，让人感觉到人性化的设计。

两点透视图或许是较为合适的选择。用13厘米×20厘米或21.6厘米×28厘米的纸画图，不要用更大的纸，否则处理起来会变得麻烦。水笔的粗细用两到三种即可，最细的笔可用来画出草图的"骨架"，如视平线、灭点和框架。然后换成更粗的笔来增强边缘线，并勾出轮廓线。关于线条粗细的问题，我们在第6章中讨论过。

在场景中添加以下附加元素。

1.在办公桌背后的墙上添加一个凹陷的空间，在其中安装内嵌式的、半人高的书柜。有关内陷式的空间可以参考第7章"有趣的墙壁"。

2.在办公桌前添加一张访客的椅子。

3.给办公桌和椅子添加投影。参考第11章"给草图添加色调、明暗和阴影"。

4.添加你觉得合适、真实和个性化的元素，如办公室设备、桌上的附件、艺术品、窗户的配件等。如果能画出墙壁和地板的质感、纹理更好。

现在开始画场景草图。完成以后可以翻到下页查看示例。

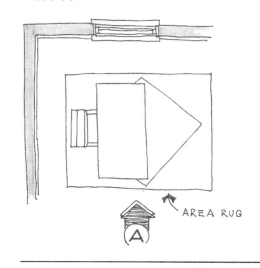

平面图。

立面图。

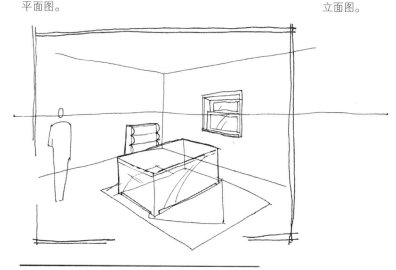

第6章的一个解决方案。

个性化办公室的一种解决方案

这是本场景的一种解决方案示例。

在这个解决方案中，作者尝试设计了不一样的墙面，从而让这个规整的空间更具吸引力。草图表现的照明效果与明暗变化也强调了场景中的焦点，突出了层次结构。在这个场景中有一个设计效果做得不是很好，即站在实际使用的角度考虑场景里的设备和家具，你就会发现电脑显示器放在内嵌书柜上。如果坐在那里，就没有地方容纳膝盖部分，无法让人舒适地工作。这就是绘制草图的优点：可以发现问题并提出解决问题的建议。

本图用时21分钟左右。作者为吉尔·帕布罗。

创建会展中心大厅

在这个场景挑战中，要求你创作一个视图场景，观察者位于一个大型会展中心大厅的夹层上。和第8、9章中的方法一样，在这个练习中，你可以使用多层描图纸重叠处理。

下面提供了平面图、立面图和剖面图来帮助你建立草图。和第10章一样，这个场景的视角定得比较高，可以俯视会展大厅的两个参展商区域。请想象自己站在主层上方的夹层露台上，并看着箭头所示的方向。你将能够看到参展商摊位的顶部，且与对面平台上的参展观众在同一视线高度上。

两点透视可能是这个场景最好的选择，因为我们的视线会投向会展大厅的一个角，而不是直接看着一堵墙的方向。练习时请给自己增加一些挑战，尝试在13厘米×20厘米的索引卡上绘制场景。因为有了这个限制，你必须对视图内容组合更加有选择性，并且很好地布置场景的基本框架。

如前面所叙述的那样，我们建议你利用多层描图纸分步骤来画图，以避免在一个版本上画得过多。在同一张草图中设计两三个层次的线条，只会放慢你的速度，而加快速度正是你希望拓展的技能。

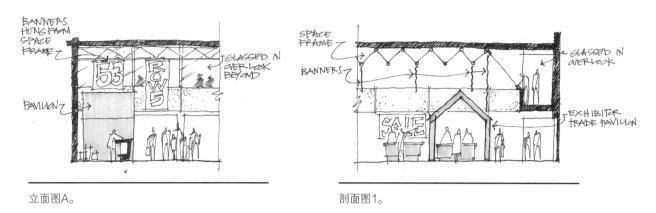

立面图A。　　　　　　　　　　剖面图1。

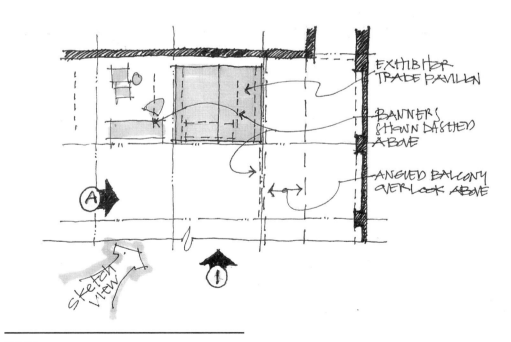

平面图。

首先创建透视框架，然后添加主要的形状，从而为场景草图的绘制提供大小和比例参照。可以用两到三种粗细的水笔绘图，以便处理更多的线条样式和细节内容。会展大厅的空间较大，如果缺少足够的细节可能会使其显得非常空旷。

第一步

用最细的笔开始画图。首先设定一个较高的视平线，因为你的视角位置较高（从二楼向下俯视）。然后创建一个两层的室内空间框架。在绘图区域设定灭点和高度线。这个框架包含了场景中大部分线条对齐和倾斜的参照，是用多层描图纸进行速写的基础。

第二步

用最细的笔画出空间中的主要形体。可以画上一些明显的细节作为"提醒"，帮助你确认框架中空间的大致位置及后面应该添加的材质和细节。

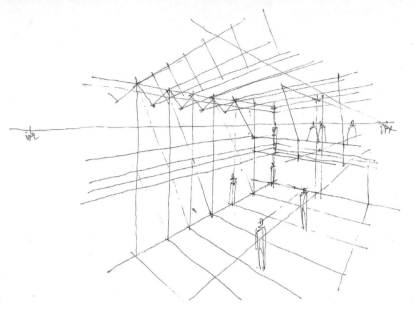

第一步：绘制会展中心的大厅的基本框架图。本图用时约6分钟。

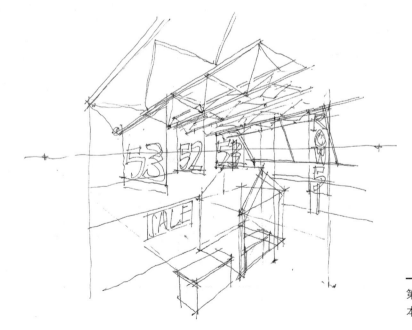

第二步：画出主要形体和特征细节。本图用时7分钟。

在接下来的两个步骤中，你要提高速度，并将设计思维与速写动作结合起来。你要趁热打铁，在画出草图的同时进行实时的设计决策。当思考和绘图这两个过程开始重叠的时候，你就可以找到以思维速度进行草图表达的感觉了。不过，如果你的"重叠"感让这个草图的效果和前面的草图场景练习产生了巨大差距，请不要惊慌。达到熟练速写者的程度（参见最后的附加草图练习章节中有关专业技能学习的理论部分）通常要进行长时间的练习，有时需要几年的时间。只要有机会通过练习缩小这种差距，就一定要抓住它！

第三步

开始在场景中添加细节元素，营造意义和氛围。这些细节对于清晰地定义设计理念至关重要。在这一步骤中，我们可以用粗一些的笔强调形体边缘，并勾勒轮廓线。用较细的笔添加比例人形、材质、纹理和建筑细节。

第四步

用灰度马克笔在场景中加上明暗和投影，并完成草图。这一步是我们建立场景深度的最后机会。场景中光线的方向、角度和光源的设定也可以赋予草图一种个性化的趣味。在图层上应该先用较浅的马克笔。记住，由浅入深易，由深入浅难。你要先给整个场景添加一个基础色调，然后用中等灰度在特定区域增加深度，再用连续的中度到深度的笔触创建明暗和阴影。在本示例中，作者很快就完成了这一步，主要是因为它很有趣。这和第三步是在相同图层上完成的。

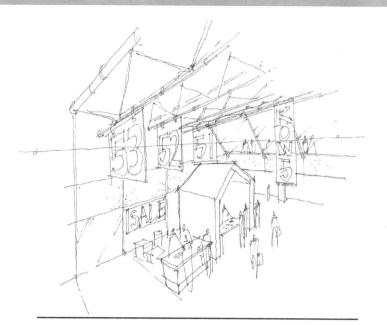

第三步：用较轻的线条细化草图。本图用时约10分钟。

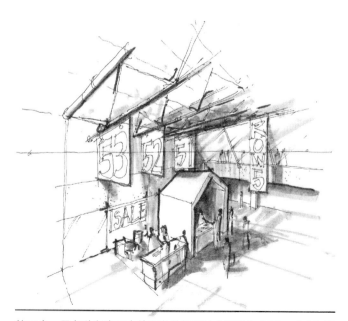

第四步：用各种灰度马克笔和各种粗细的水笔添加色调、明暗和阴影装饰完成场景。本示例用时5分钟。作者吉姆·道金斯。

在这个场景挑战中用到的灰度如下：40%灰度的部分用来表示基本色调和某些阴暗位置，60%灰度表示更接近观看者的阴暗部分，而80%灰度则用来表示投影。如果你的最终草图是画在铜版纸或素描纸上，则需要相应地减少灰度，因为灰度马克笔在更高克数的纸上看起来会比在描图纸上更深。在完成最终草图之前反复练习局部绘制技巧是很重要的。这样才能清楚地了解如何画好每个元素。

会展中心大厅的一种解决方案

请把你的草图习作贴在本页的空白处。现在我们就有了一个场景框架和一个解决方案的版本，可以用描图纸叠加层练习第四步，尝试其他解决方案。可以练习更快的运笔动作和使用灰度马克笔的方法。改进画图的技巧和流程，才能在保持设计意图的同时提高画图速度。

请将你的习作贴在这里。

创建奥丁神殿祭坛

准备好迎接下一个速写挑战了吗？应该没问题吧？这次你将创建一个对象而不是一个场景。在本书单元练习的最后，我们将不再继续画"真实"的场景，而是让你创作一个在现实世界中没有的虚拟对象。

挑战的内容是设计一个北欧神话中的奥丁神殿的祭坛。奥丁神殿是北欧神话中为牺牲的勇士设立的纪念堂。怎么样？这个题目有点儿不同寻常吧？这个设计的具体要求很少。所以只需要几个提示，你就可以获得充分自由发挥的乐趣。画图的同时注意边画边想（甚至是幻想）！如果你觉得画出更多内容对于建立场景能有帮助，也没问题。这是本书最后一项挑战练习，因此请综合运用我们探讨过的全部技巧和资源，包括使用描图纸。

示例是在铜版纸上用粗糙的笔触创建的两点透视结构框架图，然后在第二层描图纸上画出基本造型。第三个图层仍是铜版纸覆盖，大幅添加了场景的细节，加重了线条。示例中没有使用第四个图层，而是在第三层的基础上完成了色调、阴影和明暗处理。这里的诀窍是用多个图层分步骤画线，一笔一笔地创建对象。

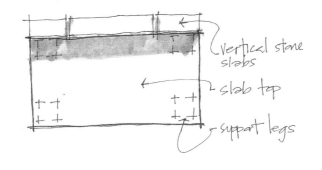

平面图。

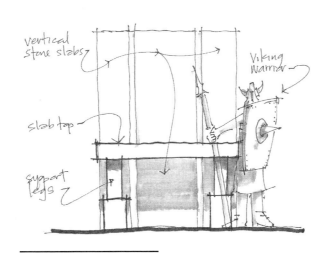

立面图。

根据奥丁的指示，祭坛设计中至少要包含以下元素。

1.由一块或几块石头组成的厚厚的石桌，用来摆放盘子、碗、烛台和酒杯。

2.从石桌的台面下延伸出几层木板架子。

3.一个高大的三格背板，象征着山巨人、霜巨人和火巨人。这个三格背板保护着有价值的祭品。

4.一个象征着勇士的英灵进驻神殿入口处的香炉。

5.坚固的石块和木结构。

你还能想到什么？可以自己想象更多的细节和深度变化。

创建布局结构

开始绘制草图。请记住将祭坛放置在构图的前景和中景中。物体越靠近观察者，可以表现的细节就越多。与之前的挑战一样，你需要使用两到三种不同粗细的笔，以便画出更好的深度变化和细节。你还需要通过明暗、阴影和色调建立更强的对比度，这样才能清晰地表现场景的各个元素。

第一步

用最细的笔建立较大的祭坛透视框架，视平线设在构图中央略高一点的位置（这样的角度是俯视祭坛的）。最开始可以在预估台面位置的后方设置灭点和真实高度线。

第二步

在这一步中添加勾勒祭坛的线条。假想一下你要把这个祭坛装在一个箱子里，然后运到北欧瓦尔哈拉去。画出这个箱子，然后在箱子的立方体上刻出祭坛的形象。草图中应包含垂直的石板、台面、柱子、隔板和与地面上平行、对齐的线条。

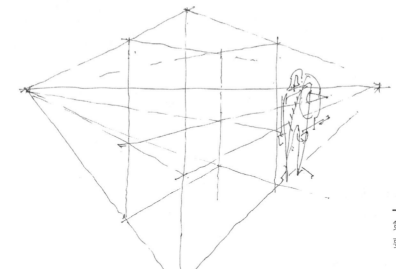

第一步：画出基本框架。这需要2到3分钟。

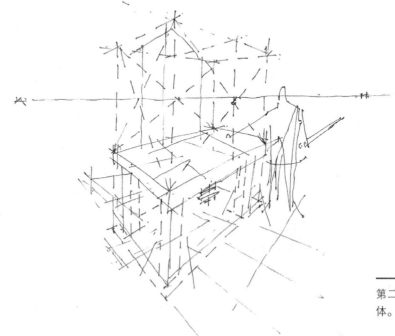

第二步：添加框架中的基本形体。大约需要10分钟。

最后两个步骤是你感受手眼结合、笔纸结合、头脑和物质结合的过程。这些练习将帮助你缩小思维和画图之间的速度差。尽量不要停止手里的画图动作，并且同时要考虑添加的下一个细节、要画的下一个架子或其他图案。不要停止画图，让手中的笔跟着感觉走。这时候你就进入了对手中的工作进行情感投资的新境界。正如"附加草图练习"章节中所提到的那样，这是绘图能力和熟练程度相对于积累画图经验而言上升一个层次的标志。

第三步

用更多细节表现祭坛，祭坛的柱子、台面、石板和陈列架都可以进一步雕琢。要用维京文明特有的形状、样式和元素来阐释奥丁的请求。

第四步

用水笔反复涂画或用灰度马克笔添加色调、明暗和阴影，最终完成草图。这是你最后一次增加场景深度的机会。还可以通过设计特定类型的光源、原点和光线方向增加场景的趣味性。

在图层上增加灰度时应该遵从由轻到重的原则。记住，轻的灰度可以变重，但一旦画上重的灰度，就无法变轻了。从对象的一般基调开始，祭坛场景的前后只有几十厘米的距离，用连续的中等和较暗的灰度创建明暗和阴影。在某些情况下，使用非常暗的灰色或黑色表现距离观看者较近的、体积较大的物体是更有效的办法。

本示例的作者在这一步多花了一点时间，因为他仍然在考虑如何添加最后的一些"装饰性"细节。

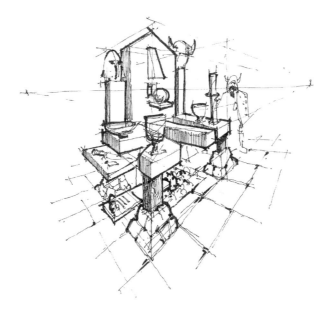

第三步：创建具有特定形状、样式和元素的祭坛，用粗线和阴影提示最终渲染感。这一步大约需要15分钟。

第四步：最后用水笔和灰度马克笔确定线的粗细、明暗、阴影、色调、纹理和材质。这一步花了15到20分钟时间，请充分尝试各种感觉。本图作者吉姆·道金斯。

奥丁神殿祭坛的一种解决方案

在本页的空白处贴上你的最终草图。现在场景已经设计好了，也画出了一种解决方案。请用其他最终步骤三和步骤四的方法，多用几张纸（可以用描图纸）练习。要不断寻找更快的方法来画线的粗细和灰度标记。要找到改进技巧和流程的方法，以便在传达设计意图的同时提高速度。

图解词汇表

在这一部分，将进一步为大家介绍速写透视方面的词汇。

鸟瞰立方体

观看者的位置高于被观察的立方体，因此俯视着立方体的框架和顶部。鸟瞰立方体完全位于视平线下方。如果假定站立的成人眼睛高度在1.5米左右，那么大部分家具属于鸟瞰立方体。

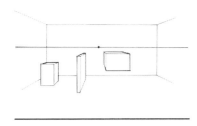

一点透视图中的鸟瞰立方体。

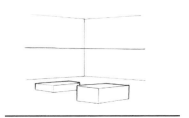

两点透视图中的鸟瞰立方体。

视锥

在观看者视野内有一个区域，在这个区域中的物体形状是不会发生畸变的。这通常是个从左到右、从上到下夹角都在60度左右的锥体。在两点透视图中，这个圆锥体可以用经过两个灭点的圆来表示。将大部分场景中的物体画在这个圆内，就不会发生变形。

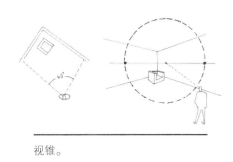

视锥。

深度

深度能够增加场景草图的可信度。深度太浅或太深都是透视草图中最容易犯的错误。如图所示，通过将墙壁（或其他平面）分割成多个部分，可以在草图中更容易地估算深度。如果画得正确的话，场景越远，分割线之间的距离越密。这样的分割线也可以用于地面和顶棚。

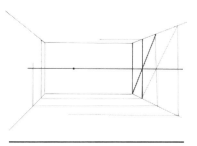

一点透视图中的深度。

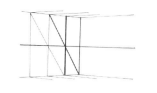

两点透视图中的深度。

视平线立方体

当立方体处于视平线上时，观看者看不到其顶部或底部。如果眼睛的高度处于立方体的顶部或底部，则这个顶部或底部的平面应该用水平的直线画出。墙壁通常利用视平线立方体建立。

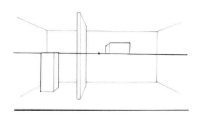

一点透视图中的视平线立方。

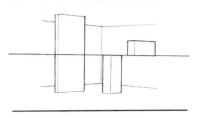

两点透视图中的视平线立方体。

焦点

焦点就是草图场景中视线聚集的中心点。透视图可以表现出场景中信息内容的重要性等级。成功的设计师可以通过构图和线条技巧来控制观众观看场景的焦点。他们会先引导客户的视线到主要焦点，然后再让他们欣赏次要焦点。这个示例中的主要焦点是壁炉底部的开口。次要焦点是沙发、餐厅和前面的桌子。

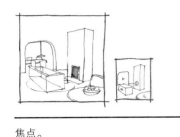

焦点。

前景框架元素

透视草图有三个深度区：背景、中景和前景。在这三个区域中都应该设置内容，这样才能让客户有现场感，这一点非常重要。前景框架元素发挥连接的作用，这类元素可以是人物、植物、墙壁、柱子或其他物体。这些元素通常非常接近观察者，有时候只能看到一部分。

透视缩小

透视缩小是指在透视图中，在垂直方向上注意让物体缩小或变扁平，这样有助于提高空间的深度感。物体形状或图案的透视不足是透视中最常见的错误。其结果是物体看起来太高、太厚，本应平躺的物体不像是平躺的。在下面这个对比示例中，左边立方体顶面的菱形图案在垂直方向线条的角度过高，是不正确的。右边立方体顶面图案的垂直方向线条要扁得多，正确地表现出顶面近大远小的透视关系。

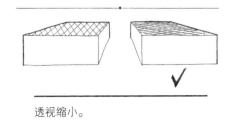

透视缩小。

框架

在绘制草图细节之前，首先要建立全尺寸、清晰的草图框架，这样可以节省很多时间。正确的框架可以帮助你判断视平线和灭点的位置是否正确，以及地板、顶棚、墙壁和家具等的位置是否符合你的要求。

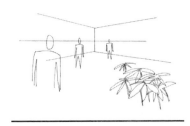

框架。

视平线

视平线是一条水平的线，代表了视线水平望去看到的地球地平线的位置。想象一下，观看者正透过一扇窗户观察这个场景。与窗户垂直的线和平面的延伸都会汇集到地平线上或地平线上的一个或多个灭点上，就像沙漠中延伸向远方的铁轨一样。视平线的高度始终与观看者（或观看点）的高度相同。

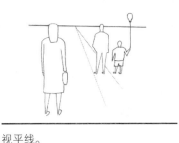

视平线。

轮廓线

勾勒轮廓线是一种让物体更具有立体感的线条技巧。恰当地勾勒轮廓线将帮助观众理解哪些对象距离更近，以及对象的边缘在哪里。

轮廓线将物体与它周围的空间区分开。物体内部相交的线或是物体与地面相交的线不要勾轮廓线。

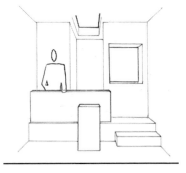

轮廓线。

缩略草图

缩略草图很小，可以帮助我们快速设计草图的基本框架。缩略草图很快捷，可以用来研习构图、视平线和灭点位置、空间或物体的基本设计等内容。下图探索了处在低视角场景中的一个沙发椅。

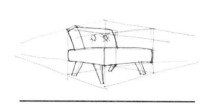

缩略草图。

灭点

灭点是视平线上的一个或多个点，平行的线都会汇聚在这个点上。一点透视图中会设置一个主要灭点，而两点透视图则会设置两个主要灭点。还可以通过在视平线上设置其他灭点来构造与场景的视野窗口不平行或不垂直的其他对象。

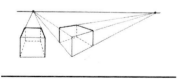

灭点。

观察点

观察点是观看场景的人眼睛的位置。这与观察者和被观察物体的关系有关，观察者的眼睛距离地面的高度也很重要。观察者的眼睛和视角总是位于视平线上。

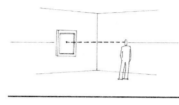

观察点。

仰视立方体

观察者需要抬头或眼睛向上看的立方体，就是仰视立方体。这类立方体完全位于视平线上方。诸如阳台和吊灯等物体通常由仰视立方体构成。

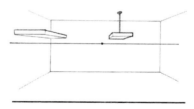

一点透视图中的仰视立方体。

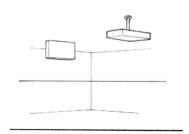

两点透视图中的仰视立方体。